AF455979

PRINCIPES ÉLÉMENTAIRES DE L'HISTOIRE NATURELLE ET CHYMIQUE DES SUBSTANCES MINÉRALES.

PRINCIPES ÉLÉMENTAIRES DE L'HISTOIRE NATURELLE ET CHYMIQUE DES SUBSTANCES MINÉRALES;

OUVRAGE UTILE AUX ÉCOLES CENTRALES.

PAR

MATHURIN-JACQUES BRISSON,

MEMBRE DE L'INSTITUT NATIONAL DES SCIENCES ET DES ARTS, ET PROFESSEUR DE PHYSIQUE ET CHYMIE AUX ÉCOLES CENTRALES DE PARIS.

A PARIS,

RUE DE THIONVILLE,

Chez FIRMIN DIDOT, Libraire pour les Mathématiques et l'Architecture.

AN V. (1797.)

PRINCIPES ÉLÉMENTAIRES DE L'HISTOIRE NATURELLE ET CHYMIQUE DES SUBSTANCES MINÉRALES;

OUVRAGE UTILE AUX ÉCOLES CENTRALES.

PAR

MATHURIN-JACQUES BRISSON,

MEMBRE DE L'INSTITUT NATIONAL DES SCIENCES ET DES ARTS, ET PROFESSEUR DE PHYSIQUE ET CHYMIE AUX ÉCOLES CENTRALES DE PARIS.

A PARIS,

RUE DE THIONVILLE,

Chez FIRMIN DIDOT, Libraire pour les Mathématiques et l'Architecture.

AN V. (1797.)

AVERTISSEMENT.

Ayant été chargé, à l'école centrale dont je suis un des professeurs, de joindre à l'enseignement de la physique celui des éléments de chymie ; étant persuadé que, pour bien entendre la maniere dont les différentes substances agissent les unes sur les autres, et les effets qui résultent de leurs mélanges et de leurs combinaisons, il est bon de commencer par connoître la nature de ces substances ; je me suis fait un devoir de ranger dans l'ordre le plus méthodique qu'il m'a été possible, et après avoir consulté les meilleurs auteurs dans ce genre, toutes les substances minérales, et d'indiquer les principaux caracteres par lesquels on peut les reconnoître.

Je parle d'abord des êtres simples ou réputés tels, sans cependant être certain qu'ils le sont réellement, appelant *simples* tous les êtres dont il ne nous a pas été possible de séparer les principes, en supposant qu'ils soient composés de plusieurs. De ces êtres simples nous passons à ceux qui sont composés, et dont l'analyse a fait connoître les principes constituants. Cette marche nous a paru très bonne, et propre à guider les éleves dans une carriere toute nouvelle pour eux.

Nous commençons donc par les *terres primitives*, réputées *êtres simples*, et qui sont au nombre de sept, en y comprenant les deux dernièrement découvertes, et dont on trouvera l'origine et la description à la fin de l'ouvrage (505 et 518).

Nous passons ensuite aux pierres qui ont ces terres primitives pour principes constituants; et nous les divisons en quatre ordres. Le premier comprend les *pierres salines*, ou celles dans lesquelles les terres qui entrent dans leur composition sont combinées avec des acides : ces pierres sont, de toutes, les moins composées. Dans le second ordre sont comprises les *pierres proprement dites*, c'est-à-dire celles qui résultent des différents mélanges des pierres du premier ordre. Le troisieme ordre comprend les pierres qu'on appelle *roches*, et qui sont le résultat, non pas du mélange intime des pierres du second ordre, mais simplement de leur réunion ou juxtaposition, et qui sont liées ensemble par un ciment quelconque. Enfin, le quatrieme ordre comprend les *pierres produites par le feu des volcans*. On voit que nous passons graduellement du plus simple au plus composé. Cela met de l'ordre dans l'esprit, et donne de la facilité à retenir ce que nous avons le projet d'enseigner.

Nous passons ensuite aux substances métalliques. Celles-ci sont pour nous très intéressantes par les fréquents usages auxquels nous les employons. Il est donc très important de les connoître. Nous les divisons en deux ordres. Dans le premier sont comprises celles de ces substances qui sont malléables et ductiles, et que l'on appelle *métaux*. Le second ordre comprend celles qui sont très peu malléables, ou même point du tout, et que l'on nomme *demi-métaux*.

Nous avons ajouté à chaque article les différentes combinaisons dont sont susceptibles ces substances minérales, et les produits qui en résultent. Toutes ces connoissances sont très propres à intéresser les lecteurs et à instruire les éleves: et toutes étant consignées dans un ouvrage très court, l'attention ne sera point partagée; car on n'y trouvera que ce qu'il faut retenir, sans aucune digression étrangere au sujet.

Je viens de dire que j'ai consulté les meilleurs auteurs : on me reprochera peut-être de n'avoir point dit à chaque article quel étoit l'auteur qui m'avoit fourni tel ou tel résultat. A la vérité j'en ai peu cité; mais je prie le lecteur de considérer que si l'on accumuloit les citations dans un ouvrage élémentaire, si l'on s'y livroit à de longues discussions sur les travaux de ceux qui se sont occupés de la science, on perdroit de vue le véritable objet qu'on se propose, et l'on formeroit un ouvrage dont la lecture seroit tout-à-fait fatigante pour les commençants. On ne doit chercher dans un traité élémentaire que la clarté et la précision, et l'on doit soigneusement écarter tout ce qui pourroit tendre à détourner l'attention.

J'ai indiqué les pesanteurs spécifiques des substances minérales, au moins de toutes celles que j'ai moi-même éprouvées, et je les ai comparées à la pesanteur spécifique de l'eau distillée, que je suppose toujours être 10000. Pour faire exactement cette comparaison, il faut connoître les poids de deux volumes parfaitement égaux, l'un de la substance qu'on éprouve, et l'autre d'eau. Pour cela on pese hydrostatiquement cette substance: c'est-à-dire qu'on la pese 1°. dans l'air; cela donne son poids: 2°. on la pese dans l'eau; cela donne le poids d'un volume d'eau pareil au volume de ce corps: car on sait qu'un corps plongé dans l'eau déplace un volume d'eau parfaitement égal au sien, et qu'alors il perd une portion de son poids parfaitement égale au poids du volume d'eau qu'il déplace. Cette portion de poids perdue donne donc le poids de l'eau. On a donc 1°. le poids de ce corps; 2°. le poids d'un volume d'eau parfaitement égal au volume de ce corps. Ces deux poids, comparés l'un à l'autre, donnent le rapport qu'il y a entre la pesanteur spécifique de ce corps et celle de l'eau, en faisant cette proportion dans laquelle 10000 représentent la pesanteur spécifique de l'eau; et l'on dit: le poids du volume d'eau déplacé par ce corps est au poids de ce corps comme 10000 est à un quatrieme terme, qui représente la pesanteur spécifique de ce corps. Supposons le poids du corps 8790 grains, et le poids du volume d'eau déplacé par ce corps 977 grains, on fait la proportion suivante : $977 : 8790 :: 10000 : x = 89969$. Le rapport de la pesanteur de ce corps à celle de l'eau est donc comme 89969 est à 10000.

PRINCIPES

PRINCIPES ÉLÉMENTAIRES DE L'HISTOIRE NATURELLE ET CHYMIQUE DES SUBSTANCES MINÉRALES.

ON appelle *substances minérales* toutes celles qui se rencontrent dans la terre, et qui forment la partie solide de notre globe. 1.

Il y en a de deux sortes, essentiellement différentes ; savoir, les *substances terreuses et pierreuses*, et les *substances métalliques*. 2.

Les premieres sont l'objet d'une science appelée *Lithologie ;* et les secondes sont l'objet d'une science appelée *Métallurgie*. 3.

LITHOLOGIE.

4. La lithologie a pour objet l'étude des *terres* et des *pierres*. Ce sont des substances seches, inodores, insipides, et qui ne sont que très peu, ou même point du tout, solubles dans l'eau. Leur pesanteur spécifique n'égale jamais quatre fois et demie celle de l'eau ; le plus grand nombre même a une pesanteur spécifique de beaucoup inférieure à celle-là.

5. En analysant les *terres* et les *pierres*, en les débarrassant des substances qui y sont mêlées, les chymistes ont obtenu des principes qu'on peut regarder comme des *éléments terreux*, comme des *terres primitives*.

6. Ces principes sont au nombre de cinq; savoir, la *chaux*, la *magnésie*, la *baryte*, l'*alumine*, et la *silice*.

7. Les *terres* et les *pierres* paroissent toutes formées de ces principes. Il faut commencer d'abord par déterminer la nature de ces terres primitives.

De la chaux.

La *chaux* se trouve rarement pure. Elle est contenue dans la craie ; car la craie est un sel neutre, formé par la combinaison de la chaux avec l'acide carbonique. Voici, en conséquence, le procédé le plus propre à obtenir la *chaux* dans son plus grand état de pureté. 8.

Pour se procurer la chaux très pure, on lave la craie dans de l'eau distillée et bouillante ; on la dissout ensuite dans l'acide acéteux distillé, et on la précipite par le carbonate d'ammoniaque. L'acide acéteux, en se combinant avec la chaux, chasse l'acide carbonique, qui s'échappe sous forme gaseuse ; ensuite l'acide acéteux abandonne la chaux, pour se combiner avec l'ammoniaque, et la chaux se précipite. On lave ce précipité ; on le calcine : et le résidu est de la *chaux pure*. 9.

La *chaux* est soluble dans l'eau, mais en très petite quantité : il faut plus de 600 parties d'eau pour dissoudre une 10.

partie de chaux. Elle verdit les couleurs bleues végétales.

11. La *chaux* a une saveur piquante, âcre et brûlante.

12. Elle reçoit l'eau avec avidité : elle s'y divise et s'y gonfle, en acquérant plus de volume, et en excitant beaucoup de chaleur.

13. La *chaux* se dissout dans les acides, sans effervescence, mais en excitant de la chaleur.

14. La *chaux*, lorsqu'elle est seule, est infusible, même quoique le feu soit soufflé avec le gas oxygene, comme l'a éprouvé *Lavoisier*. Mais si elle est combinée avec les acides, elle forme un corps fusible. Car la *chaux* est une base salifiable : elle est même, de toutes ces bases, la plus abondamment répandue dans la nature.

15. Le borate de soude et les phosphates d'urine dissolvent la *chaux* sans effervescence.

De la magnésie.

La *magnésie* n'a encore été trouvée nulle part dégagée de toute matiere étrangere. Pour se la procurer dans sa plus grande pureté, on dissout dans de l'eau distillée des crystaux de sulfate de magnésie (de sel d'Epsom, de sel de Sedlitz): on les décompose par les carbonates d'alkalis: on calcine ensuite le précipité, pour en dégager l'acide carbonique; et ce qui reste est la *magnésie pure*. 16.

La *magnésie pure* est très blanche, très tendre, et comme spongieuse. 17.

Quand elle est bien pure, elle n'est pas sensiblement soluble dans l'eau; mais quand elle est combinée avec l'acide carbonique, elle s'y dissout, et d'autant mieux que l'eau est plus froide. 18.

La *magnésie* n'occasionne sur la langue aucune saveur sensible. 19.

Elle verdit un peu la teinture de tournesol. 20.

Lavoisier a éprouvé par expérience qu'elle est aussi infusible que la chaux. 21.

22. Le borate de soude et les phosphates d'urine la dissolvent avec effervescence : moyen simple de la distinguer de la chaux.

De la baryte ou *terre pesante.*

23. La *baryte* n'a pas encore été trouvée pure et exempte de toute combinaison. Pour se la procurer dans le degré de pureté convenable , on peut employer le procédé suivant : on pulvérise du sulfate de baryte (spath pesant), qui est la combinaison la plus ordinaire de cette terre ; on le calcine dans un creuset avec un huitieme de poudre de charbon; on entretient le creuset au rouge pendant une heure ; on verse ensuite la matiere dans l'eau. Cette eau se colore en jaune, et exhale une forte odeur de gas hydrogène sulfuré. On filtre la liqueur, et on verse sur la liqueur filtrée de l'acide muriatique. Il se forme alors un précipité abondant, qu'on sépare du reste en filtrant de nouveau. La liqueur

qui passe par le filtre tient en dissolution le muriate de baryte, qui s'est formé par l'addition de l'acide muriatique. On y ajoute du carbonate de potasse en liqueur : la potasse se combine avec l'acide muriatique, et la *baryte* avec l'acide carbonique, dont on la débarrasse par la calcination. Le résidu est la *baryte pure*.

La *baryte* est sous forme pulvérulen- 24.
te, et d'une très grande blancheur.

Elle est soluble dans l'eau, mais en 25.
quantité très petite ; il faut environ 900 parties d'eau pour dissoudre une partie de *baryte*. Elle verdit tant soit peu les couleurs bleues végétales.

Elle précipite les alkalis de leurs com- 26.
binaisons avec les acides.

Mais le prussiate de potasse précipite 27.
la *baryte* de ses combinaisons avec les acides nitrique et muriatique : ce qui la distingue des autres terres.

Lorsque la *baryte* est *pure*, elle est 28.
parfaitement infusible, comme l'a éprouvé *Lavoisier*.

29. Le borate de soude et encore mieux les phosphates d'urine dissolvent la *baryte* avec effervescence.

De l'alumine ou *argile pure.*

30. L'*alumine* se rencontre principalement dans les argiles, dont elle fait la base, et où elle est souvent mêlée avec la silice. Pour se la procurer bien pure, on dissout dans l'eau du sulfate d'alumine (de l'alun); ensuite on le décompose par les carbonates alkalins : l'alkali se combine avec l'acide sulfurique, qui abandonne alors l'*alumine*, laquelle se combine avec l'acide carbonique abandonné par l'alkali. Après quoi on débarrasse l'*alumine* de cet acide par la calcination ; et l'*alumine* demeure pure.

31. L'*alumine* prend l'eau avec avidité, et s'y délaie.

32. Elle adhere fortement à la langue.

33. L'*alumine*, exposée au feu, se desseche, se resserre, prend du *retrait*, et se gerce. Elle y contracte une dureté

telle qu'elle fait feu avec le briquet: elle n'est plus alors susceptible de se délayer dans l'eau.

L'*alumine*, même très pure, est complètement fusible par le feu soufflé avec le gas oxygène. Il résulte de sa fusion une substance vitreuse, opaque, très dure, et qui raye le verre, comme le font les pierres précieuses. 34.

Le borate de soude et les phosphates d'urine dissolvent l'*alumine*. 35.

De la silice ou *terre vitrifiable.*

La *silice* est presque dans son état de pureté dans le crystal de roche. Mais si l'on veut l'avoir parfaitement pure, on fond une partie de beau crystal de roche avec quatre parties d'alkali pur: on dissout le tout dans l'eau, et on précipite par un excès d'acide. Ce précipité est la *silice pure*. 36.

La *silice pure* est rude et âpre au toucher; et ses molécules, délayées dans l'eau, se précipitent très aisément. 37.

38. L'acide fluorique dissout la *silice:* aussi est-il le dissolvant du verre.

39. Les alkalis dissolvent la *silice* par la voie seche, et forment du verre.

40. La *silice* ne fond pas au verre ardent; mais, moyennant un courant de gas oxygène, *Lavoisier* a déterminé un commencement de fusion à sa surface.

41. La soude dissout la *silice* avec effervescence; et le borate de soude la dissout lentement et sans bouillonnement.

42. Nous avons dit (7) que toutes les terres et les pierres paroissent formées de ces cinq terres primitives.

43. Ces terres sont tantôt combinées avec des acides; elles forment alors les *pierres salines* ou *sels terreux:* tantôt elles sont simplement mêlées entre elles; ce qui forme les *pierres proprement dites:* tantôt ces dernieres sont liées ensemble par un ciment quelconque; ce qui forme les *roches*. On trouve aussi une quatrieme sorte de pierres; savoir, celles qui sont produites par le feu des volcans.

44. Nous distinguerons donc les pierres

en quatre ordres. Le premier comprend les *pierres salines ;* le second, les *pierres proprement dites ;* le troisieme, les *roches ;* et le quatrieme, les *pierres produites par le feu des volcans.*

ORDRE Ier.

Des pierres salines ou *sels terreux.*

45. Cet ordre comprend toutes les pierres dans lesquelles les terres primitives sont combinées avec des acides; c'est pourquoi on donne à ces pierres le nom de *sels terreux* ou *pierres salines.* Et comme il y a cinq terres primitives, cet ordre est composé de cinq genres de pierres, qui se distinguent entre elles par la terre qui leur sert de base.

GENRE I.

Pierres salines à base de chaux.

46. Ce genre est composé de toutes les pierres qui ont la *chaux* pour base. Ses especes se distinguent par les différents acides qui se trouvent combinés avec cette base.

PREMIERE ESPECE.

Combinaison de la chaux avec l'acide carbonique.

47. De cette combinaison résultent les

carbonates de chaux, les *pierres calcaires*. Cette combinaison est la plus commune, et elle comprend toutes les pierres connues sous le nom de *pierres à chaux*. Leurs principaux caracteres sont, 1°. de faire effervescence avec les acides, qui en chassent l'acide carbonique; 2°. de se convertir en chaux par la calcination, parceque l'acide carbonique en est aussi chassé par la chaleur.

Parmi les *pierres calcaires*, les unes crystallisent régulièrement, et le plus ordinairement en rhomboïdes: tels sont les *spaths calcaires*. Il y en a aussi de prismatiques et de pyramidaux. Leur pesanteur spécifique surpasse ordinairement un peu 27000. L'analyse qu'en ont faite les chymistes a démontré, dans un quintal de ces pierres, 34 à 36 parties d'acide carbonique, 53 à 55 parties de chaux: le reste est de l'eau. 48.

D'autres ne crystallisent que confusément: tels sont les *albâtres*, dont la pesanteur spécifique est de 27000 à 28000; et les *stalactites*, dont la pesan- 49.

teur spécifique n'est que de 23200 à 24700.

50. Les autres se trouvent en masses informes, dont les unes sont susceptibles d'un beau poli, tels que les *marbres:* les autres n'en sont pas susceptibles; telles sont les *pierres à bâtir* et les *craies.* La pesanteur spécifique des *marbres* est de 26500 à 28500; et celle des *pierres à bâtir* est de 16000 à 24000. Quand les pierres de cette espece ont assez de transparence, elles causent à la lumiere une double réfraction.

51. *Nota.* Ce qui rend les anciennes constructions si dures, est la chaux entrée dans le mortier, qui s'est convertie en craie par l'absorption de l'acide carbonique de l'air.

DEUXIEME ESPECE.

Combinaison de la chaux avec l'acide sulfurique.

52. De cette combinaison résultent les *gypses*, les *sélénites*, les *pierres à plâtre.*

Toutes ces pierres ne font point d'effervescence avec les acides, ni de feu avec le briquet. Le gypse grossier et opaque, appelé *pierre à plâtre*, a une pesanteur spécifique de 21679. Celle des autres gypses est de 22000 à 23000. La principale crystallisation de ces pierres est celle d'un prisme tétraèdre rhomboïdal comprimé.

Lorsque ces pierres ont été calcinées 53.
et réduites en poudre, si on les pêtrit avec de l'eau, elles forment une pâte à laquelle on peut faire prendre telle forme que l'on veut, et qui durcit en séchant. On en fait usage pour faire des ornements dans l'intérieur de nos appartements.

De toutes ces pierres il n'y en a qu'une qui soit perméable à l'eau; c'est le gypse grossier, appelé *pierre à plâtre*. Toutes celles de ce genre causent à la lumiere une double réfraction.

TROISIEME ESPECE.

Combinaison de la chaux avec l'acide fluorique.

54. De cette combinaison résultent les *fluates de chaux*, connus sous le nom de *spath fluor* ou *vitreux*. Toutes ces pierres crystallisent communément en cubes. Elles ont la transparence et les belles couleurs vives des pierres précieuses, et, de même que les orientales, elles ne causent à la lumiere qu'une seule réfraction. Leur pesanteur spécifique est de 31000 à 31900.

55. Ces pierres ne font point d'effervescence avec les acides, et elles ne sont pas assez dures pour étinceler par le choc du briquet. Elles deviennent phosphoriques lorsqu'on les a broyées.

56. L'acide dont la combinaison avec la chaux forme ces pierres est un acide particulier appelé *acide fluorique*, qui se trouve tout formé dans le *spath fluor*. Il a pour propriété singuliere celle d'enlever

lever et de dissoudre la terre siliceuse qui entre comme principe constituant dans le verre. Aussi *Puymorin* a-t-il gravé sur le verre avec cet acide, comme on grave sur le cuivre avec l'acide nitrique.

Les *spaths fluors* entrent en fusion 57.
par une forte chaleur; mais, d'après ce que nous venons de dire (56), ils attaquent vivement le creuset: ils se fondent aussi sans effervescence avec l'alkali minéral, le borate de soude, et les phosphates d'urine.

QUATRIEME ESPECE.

Combinaison de la chaux avec l'acide nitrique.

De cette combinaison résulte le *ni-* 58.
trate de chaux, ou *nitre calcaire.* Ce nitre ne se trouve nulle part sous forme solide; il n'existe que dans les eaux: il se forme principalement près des endroits habités; la lessive des vieux plâtres en fournit abondamment. C'est un des sels qui abondent le plus dans les

eaux-meres des salpêtriers. Si on le fait crystalliser, il présente des crystaux en prismes hexaèdres.

59. Le *nitrate de chaux* a une saveur amere et désagréable.

60. Il est très soluble dans l'eau: deux parties d'eau froide suffisent pour en dissoudre une de ce sel; et l'eau bouillante en dissout plus que son poids.

61. Il se liquéfie aisément sur le feu, et devient solide par le refroidissement. Il est susceptible de devenir phosphorique; car si on le calcine fortement, il paroît lumineux dans l'obscurité.

CINQUIEME ESPECE.

Combinaison de la chaux avec l'acide muriatique.

62. De cette combinaison résulte le *muriate de chaux*, ou *sel marin calcaire.* Il existe sur-tout dans les eaux de la mer, auxquelles il donne cette amertume qu'on a attribuée à des bitumes qui n'y existent pas.

Le *muriate de chaux* est très soluble dans l'eau : une partie et demie d'eau froide suffit pour en dissoudre une de ce sel ; et l'eau chaude en dissout plus que son poids. 63.

En rapprochant la dissolution, et le tenant dans un lieu frais, on peut le faire crystalliser : il donne alors un sel en prismes tétraèdres, terminés par des pyramides à quatre pans. 64.

Il entre en fusion à une chaleur médiocre ; mais il se décompose difficilement : il acquiert, par la calcination, la propriété phosphorique. 65.

SIXIEME ESPECE.

Combinaison de la chaux avec l'acide phosphorique.

De cette combinaison résulte le *phosphate de chaux*. On a trouvé cette pierre en Espagne, dans l'Estramadure, où l'on prétend qu'il y en a des collines entieres, et que les maisons et les murs d'enclos en sont bâtis. 66.

67. Le *phosphate de chaux* est blanchâtre et assez dense; mais il n'est pas assez dur pour étinceler par le choc du briquet : jeté sur les charbons ardents, il s'embrase tranquillement, et donne une superbe lumiere verte.

68. Le *phosphate de chaux* se comporte, avec les acides nitrique et sulfurique, comme le font les os calcinés. On peut lui enlever son acide phosphorique; on peut même le décomposer, et en extraire le phosphore, comme on l'extrait des os. C'est sans doute pour cela que ce *phosphate* a reçu le nom de *terre animale*.

GENRE II.

Pierres salines à base de magnésie.

69. Ce genre est composé de toutes les *pierres salines* qui ont la *magnésie* pour base. Ses especes se distinguent par les différents acides qui se combinent avec cette base.

70. Ces *pierres* ou *sels terreux* ne sont bien connus que depuis que *Black* a fait

voir qu'on ne devoit pas les confondre avec les *sels calcaires*. On les en distingue aisément, parceque l'eau de chaux les décompose, et précipite leur *magnésie*.

Ces sels sont en général très solubles 71.
dans l'eau : ils ont presque tous un goût d'amertume assez fort.

PREMIERE ESPECE.

Combinaison de la magnésie avec l'acide sulfurique.

De cette combinaison résulte le *sul-* 72.
fate de magnésie, connu sous le nom de *sel d'Epsom* ou *de Sedlitz*. Ce sel est assez commun ; il se trouve dans plusieurs eaux minérales, telles que celle d'Epsom, celle de Sedlitz, celle de Seydschutz, etc. C'est de ces sources qu'il a tiré ses différents noms.

Ce *sel* est soluble dans l'eau, qui en 73.
dissout un poids égal au sien.

Le *sulfate de magnésie* du commerce 74.
est en petites aiguilles soyeuses très blanches : il n'effleurit point à l'air ; ce

qui le distingue du sulfate de soude. Ses crystaux, quand il est bien pur, sont des prismes quadrangulaires terminés par des pyramides à quatre pans.

75. Le *sulfate de magnésie*, exposé au feu, se liquéfie en perdant la moitié de son poids ; le reste se desseche, et exige un coup de feu violent pour se fondre. Son analyse a fait voir que, sur un quintal, il y a 24 parties d'acide, 19 de magnésie, et 57 d'eau.

DEUXIEME ESPECE.

Combinaison de la magnésie avec l'acide nitrique.

76. De cette combinaison résulte le *nitrate de magnésie*. Ce sel est susceptible de donner, par une évaporation convenable, des crystaux prismatiques et quadrangulaires.

77. Le *nitrate de magnésie* décompose les muriates ; mais il est lui-même décomposé par les alkalis, et même par la chaux, qui précipitent sa *magnésie*.

TROISIEME ESPECE.

Combinaison de la magnésie avec l'acide muriatique.

De cette combinaison résulte le *muriate de magnésie.* Ce sel se trouve dans l'eau-mere de nos salines. Il a une saveur très amere. 78.

Il forme, selon *Bergmann*, un sel en petites aiguilles si déliquescentes qu'on ne peut les obtenir qu'en rapprochant beaucoup la dissolution, et en l'exposant tout de suite à un grand froid. 79.

Dans ce sel la *magnésie* ne tient pas fortement à son acide: les alkalis, la chaux et la baryte, la précipitent; on peut même la séparer par la simple action du feu. 80.

QUATRIEME ESPECE.

Combinaison de la magnésie avec l'acide carbonique.

De cette combinaison résulte le *car-* 81.

bonate de magnésie. Il est bien rare de trouver dans la nature cette combinaison toute faite; j'ignore même si on l'a jamais trouvée, quoique la *magnésie* ait une assez grande affinité avec l'acide carbonique. On obtient cette combinaison en précipitant la magnésie du sel d'Epsom par le moyen des carbonates alkalins : l'alkali se combine alors avec l'acide sulfurique du sel d'Epsom, tandis que la magnésie de ce sel se combine avec l'acide du carbonate.

82. Le *carbonate de magnésie* est soluble dans l'eau, mais en petite quantité; cependant l'eau froide en dissout plus que l'eau chaude : car on la précipite en chauffant l'eau qui la tient en dissolution.

83. L'action du feu enleve au *carbonate de magnésie* l'eau et l'acide qu'il contient : ce qui reste alors est ce qu'on appelle *magnésie calcinée*, qui est un bon absorbant.

GENRE III.

Pierres salines à base de baryte.

Ce genre est composé de toutes les pierres salines qui ont la *baryte* pour base. Ses especes se distinguent par les différents acides qui se combinent avec cette base. 84.

PREMIERE ESPECE.

Combinaison de la baryte avec l'acide sulphurique.

L'état le plus ordinaire de la *baryte* est d'être combinée avec l'acide sulfurique, d'où résulte le *sulfate de baryte*, connu sous le nom de *spath pesant*. En effet, c'est la plus pesante de toutes les pierres ; sa pesanteur spécifique est de 44228 à 44712. Il y a beaucoup de mines métalliques qui ne sont pas aussi pesantes. 85.

Le *spath pesant* est insoluble dans l'eau. 86.

87. Il se divise facilement en feuillets par un très petit choc; et la forme qu'il affecte le plus ordinairement est celle d'un prisme hexaèdre très applati, terminé par un sommet dièdre.

88. Cette pierre est susceptible d'acquérir la propriété phosphorique par la calcination. Une fois qu'elle a été calcinée, il suffit, pour la faire paroître lumineuse, de la présenter pendant quelques instants à la lumiere du jour, et la porter tout de suite dans un lieu obscur: elle y brille comme un charbon ardent. Cette propriété se perd peu-à-peu; mais on la lui rend en la faisant chauffer de nouveau.

89. Lorsque cette pierre a assez de transparence, on observe qu'elle cause à la lumiere une double réfraction.

DEUXIEME ESPECE.

Combinaison de la baryte avec l'acide carbonique.

90. De cette combinaison résulte le *car-*

bonate de baryte, connu sous le nom de *terre pesante aérée.* Sa pesanteur spécifique est de 42919. Son analyse a démontré, dans un quintal, 7 parties d'acide, 65 de baryte, et 28 d'eau.

On trouve rarement ce *sel.* Les acides 91.
sulfurique, nitrique, etc. le décomposent avec effervescence, en se combinant avec sa base, et en en chassant l'acide carbonique.

TROISIEME ESPECE.

Combinaison de la baryte avec l'acide nitrique.

On n'a point encore trouvé naturelle- 92.
ment cette combinaison; mais on la fait aisément par le secours de l'art. L'acide nitrique dissout la *baryte pure,* et forme un sel qui crystallise quelquefois en gros crystaux hexagones, et souvent en petits crystaux irréguliers. Ce sel est le *nitrate de baryte.*

Les acides sulfurique et fluorique dé- 93.
composent ce sel, en enlevant la *baryte* à l'acide nitrique.

QUATRIEME ESPECE.

Combinaison de la baryte avec l'acide muriatique.

94. On n'a pas non plus encore trouvé naturellement cette combinaison; mais on se la procure, comme on se procure le nitrate de baryte, en dissolvant la *baryte pure* dans l'acide muriatique; ce qui forme le *muriate de baryte.*

95. Ce *sel* présente, avec les acides, à-peu-près les mêmes phénomenes que ceux que présente le nitrate de baryte.

GENRE IV.

Pierres salines à base d'alumine.

96. Ce genre est composé des *pierres salines* qui ont l'*alumine* pour base. Ses especes se distinguent par les différents acides qui se combinent avec cette base.

PREMIERE ESPECE.

Combinaison de l'alumine avec l'acide sulfurique.

97. L'*alumine* est susceptible de se com-

biner avec la plus grande partie des acides connus; mais sa combinaison la plus commune et la plus ordinaire est avec l'acide sulfurique, d'où résulte le *sulfate d'alumine*, connu sous le nom d'*alun*.

L'*alun* crystallise en octaèdres, ou, ce qui est la même chose, sous la forme de deux pyramides tétraèdres adossées base à base. 98.

Ce *sel* est soluble dans l'eau, mais difficilement: il faut quinze parties d'eau pour en dissoudre une d'alun, mesurant par le poids. 99.

Il a une saveur styptique. 100.

La chaleur lui fait perdre son eau de crystallisation; il se gonfle alors, et se réduit en une matiere blanche et légere qu'on appelle *alun calciné*. 101.

La magnésie, la baryte et les alkalis précipitent son *alumine*. 102.

L'*alun* est employé très utilement dans les arts: les teinturiers en font usage: il sert de mordant à presque toutes les couleurs; il entre dans la prépa- 103.

ration des cuirs ; on en impregne les papiers et les toiles qu'on veut teindre par impression. On ajoute quelquefois de l'*alun* au suif, pour le rendre plus dur. Les imprimeurs frottent leurs balles avec l'*alun calciné*, pour leur faire prendre l'encre, etc.

DEUXIEME ESPECE.

Combinaison de l'alumine avec l'acide carbonique.

104. De cette combinaison résulte le *carbonate d'alumine :* c'est ce qu'on appelle *argile crayeuse*. Cette combinaison est très rare ; on n'est pas même sûr qu'elle existe naturellement: on sait seulement que l'*alumine* précipitée de la dissolution d'alun par les carbonates alkalins se combine avec leur acide, et forme la combinaison dont nous parlons.

105. Les autres combinaisons de l'*alumine* avec les autres acides sont peu connues: on sait seulement que l'acide nitrique

dissout l'*alumine*, que cette dissolution est astringente, et qu'on peut en obtenir de petits crystaux styptiques et déliquescents. L'acide muriatique forme avec l'*alumine* un muriate gélatineux et déliquescent.

GENRE V.

Pierres salines à base de silice.

Ce genre est très peu étendu. La *silice* 106.
se combine très difficilement avec les acides; on ne connoît même que l'acide fluorique qui exerce sur elle une action marquée: il la dissout, et il en tient en dissolution une plus grande quantité quand il est en état de gas, que quand il s'unit à l'eau. Aussi ne peut-on pas conserver cet acide dans des bouteilles de verre: il les corrode, en enlevant et dissolvant la terre siliceuse qui entre dans la composition du verre.

ORDRE II.

Des pierres proprement dites.

107. Les terres primitives, pures et simples, telles que nous les avons décrites ci-devant, se trouvent rarement seules à la surface de la terre; elles y sont ordinairement mélangées entre elles, et elles forment des masses plus ou moins volumineuses, plus ou moins dures, suivant la nature des terres qui se trouvent mêlées, et des matieres étrangeres qui leur sont combinées. C'est là ce qui forme les *pierres proprement dites.*

108. Dans ces *mélanges* il y a ordinairement une terre qui domine sur les autres, qui y est en plus grande quantité, ou du moins qui paroît donner son caractere à l'ensemble. C'est là ce qui détermine les *genres:* et comme il y a cinq terres primitives, il y a aussi cinq *genres.* Les *especes* sont différenciées par les différents principes qui les constituent; et les différentes nuances dans les proportions

tions de ces principes ne constitueront que les *variétés*.

GENRE I.

Mélanges calcaires.

Dans ce genre sont comprises les pierres dans lesquelles la pierre à chaux est la dominante. Toutes font effervescence avec les acides. 109.

PREMIERE ESPECE.

Pierre à chaux, et magnésie.

Ce mélange est très commun, car presque toutes les *pierres calcaires* tiennent de la magnésie. 110.

DEUXIEME ESPECE.

Pierre à chaux, et baryte.

Ce mélange est une autre sorte de *pierre calcaire :* elle est grise et plus pesante que les autres pierres à chaux, à cause de la baryte qui lui est mêlée. 111.

TROISIEME ESPECE.

Carbonate de chaux, et alumine.

112. Ce mélange est connu sous le nom de *marne*. Les différentes proportions des deux principes constituants fournissent des marnes ou grasses, ou maigres, et qui sont plus ou moins propres à servir d'engrais, suivant la nature des terrains.

QUATRIEME ESPECE.

Pierre à chaux, et fer.

113. Ce mélange n'est pas rare; le fer est très souvent partie constituante de la pierre à chaux. Quand il s'y en trouve beaucoup, cela forme des mines de fer calcaires.

CINQUIEME ESPECE.

Pierre à chaux, et silice.

114. Ce mélange, qui n'est pas commun,

est connu sous le nom de *spath étoilé*. Il est opaque, et paroît formé en rayons. 100 parties de cette pierre en contiennent 66 de carbonate de chaux, et 30 de silice.

SIXIEME ESPECE.

Pierre à chaux, et bitume.

Ce mélange est connu sous le nom de *pierre puante*. Il se trouve abondamment dans le Bas Languedoc. Je le soupçonne être le même que le *spath calcaire puant*, connu sous le nom de *pierre-porc*. La pesanteur spécifique de la *pierre-porc* est 27121. 115.

GENRE II.

Mélanges barytiques.

La baryte étant peu commune, on trouve peu de ces mélanges : on n'en connoît que deux. 116.

PREMIERE ESPECE.

Sulfate de baryte, silice, sulfate d'alumine ou alun, gypse, et pétrole.

117. Ce mélange est connu sous le nom de *pierre hépatique*. Cette pierre est d'un tissu lamelleux ou écailleux. Elle reçoit à peu-près le poli de l'albâtre. Elle exhale, par le frottement, une odeur forte et puante. Si on la calcine, elle ressemble assez à du plâtre. Cent parties de cette pierre en contiennent 33 de baryte, 38 de silice, 17 d'alun, 7 de gypse, et 5 de pétrole.

DEUXIEME ESPECE.

Carbonate de baryte, silice, et fer.

118. On n'a point donné de nom à ce mélange, qui est d'un tissu spathique. On l'a trouvé insoluble dans les acides; mais on prétend qu'il y devient soluble lorsqu'on le calcine avec de l'huile.

GENRE III.

Mélanges magnésiens.

Tous ces mélanges ont pour caractere principal d'être gras et doux au toucher: ils sont peu durs; on peut les entamer avec le ciseau, les travailler au tour, et leur donner toutes les formes que l'on veut: ils reçoivent un assez beau poli. Quelques uns sont disposés par fibres naturellement assez flexibles, mais qui ne ramollissent pas dans l'eau. Aucun de ces mélanges ne fait effervescence avec les acides. 119.

PREMIERE ESPECE.

Magnésie pure, silice, alumine, fer, et eau.

Ce mélange forme les *serpentines.* Ces 120.
pierres ont une certaine dureté, et reçoivent un assez beau poli. Elles varient beaucoup en couleur; elles sont verdâtres, bleuâtres, blanchâtres, et souvent

tachées ou veinées de noir, de gris, de rouge, etc. Les unes sont opaques, les autres demi-transparentes ; quelques unes se laissent pénétrer par l'eau, les autres y sont imperméables. Leur pesanteur spécifique est depuis 22645 jusqu'à 29997. *Bayen*, par l'analyse qu'il a faite d'une *serpentine*, a trouvé que 100 parties en contenoient 33 de magnésie, 41 de silice, 20 d'alumine, 3 de fer; et le reste étoit de l'eau.

La *serpentine* durcit par l'action du feu ; mais elle se fond à une chaleur violente.

DEUXIEME ESPECE.

Carbonate de magnésie, silice, et alumine.

121. Ce mélange forme les *stéatites* et les *pierres ollaires*. Suivant *Bergmann*, 100 parties de *stéatite* en contiennent 80 de silice, 17 de carbonate de magnésie, 2 d'alumine, et une de fer.

Les *stéatites* se laissent entamer aveo

le couteau. Elles sont infusibles par elles mêmes, mais elles se durcissent au feu, et y blanchissent. La *stéatite* dite *craie de Briançon* fait la base du rouge végétal. Leur pesanteur est depuis 26149 jusqu'à 27902.

La *pierre ollaire* est un peu plus dure que la stéatite; on peut cependant la travailler avec facilité: on la travaille aisément au tour, et l'on en fait des vases qui résistent au feu, et qui, par conséquent, sont d'un bien meilleur usage que nos poteries vernissées. Sa pesanteur est de 27687 à 28531. 122.

TROISIEME ESPECE.

Carbonate de magnésie, silice, alumine, chaux, et fer.

Ce mélange forme l'*asbeste* et le *liege de montagne*. Ces pierres sont composées de fibres souvent flexibles et non calcinables. Toutes sont perméables à l'eau. La pesanteur des *asbestes* est de 25779 à 30733. 123.

124. Les *lieges de montagne*, appelés aussi *cuirs fossiles*, sont beaucoup plus légers ; leur pesanteur est de 6806 à 9933. Ils sont très flexibles ; on les déchire plutôt qu'on ne les brise.

Suivant *Bergmann*, en 100 parties d'*asbeste* il y en a 53 à 74 de silice, 16 de magnésie, 12 à 28 de carbonate de chaux, 2 à 6 d'alumine, et 1 à 2 de fer.

QUATRIEME ESPECE.

Carbonate de magnésie, carbonate de chaux, silice, sulfate de baryte, alumine, et fer.

125. Ce mélange forme l'*amiante*. Ces pierres sont composées de fibres, longues dans quelques unes, et plus courtes dans d'autres, flexibles, paralleles entre elles, et très douces au toucher. Leur flexibilité est telle qu'on peut en former des tissus. Toutes sont perméables à l'eau. Celles dont les fibres sont longues sont beaucoup plus légeres que les autres ; leur pesanteur est 9088. La pesan-

teur de celles dont les fibres sont courtes est 23134. Toutes sont incombustibles : on les blanchit en les jetant au feu.

CINQUIEME ESPECE.

Magnésie pure, silice, et alumine.

Ce mélange forme les *talcs*. Toutes 126.
ces pierres sont douces et savonneuses au toucher. Elles sont composées de lames minces, polies, brillantes, et qui se séparent aisément suivant leur plan. Il paroît qu'il entre dans leur composition de la magnésie pure, mêlée avec près de deux fois son poids de silice, et moins que son poids d'alumine. Le *talc* de Moscovie est celui qui se trouve en plus grande partie : on prétend en avoir trouvé des feuilles qui avoient huit pieds en quarré. Sa pesanteur est 27917.

GENRE IV.

Mélanges alumineux.

Ces mélanges n'ont que peu de du- 127.

reté, si l'on en excepte une espece, qui est la *pierre de corne*, qui a quelquefois assez de dureté pour étinceler par le choc du briquet.

PREMIERE ESPECE.

Alumine, silice, magnésie pure, et fer.

128. Ce mélange forme les *micas*. Ils sont doux au toucher, mais non pas gras; ce qui les distingue des *talcs*. Ils ont un aspect plus brillant que les *talcs*; ils sont écailleux, lamelleux, ou striés, et sont tous pénétrables à l'eau. Leurs couleurs varient; mais les plus ordinaires sont le blanc et le jaune. Leur pesanteur est depuis 26546 jusqu'à 29342. Les *micas* blancs et jaunes, réduits en petits fragments, sont employés sous le nom de poudre d'argent ou d'or, pour sécher l'écriture. Les *micas* entrent souvent dans la composition des granits.

Suivant *Kirwan*, 100 parties de *mica blanc* en contiennent 28 d'alumine, 38 de silice, 20 de magnésie, et 14 d'oxyde de fer.

DEUXIEME ESPECE.

Alumine, silice, magnésie, fer, et chaux.

Ce mélange forme les *pierres de corne.* 129.
La cassure de ces pierres ressemble à celle de l'argile seche ; aussi les regarde-t-on comme des pierres argilleuses mêlées de quartz. Ces pierres sont d'un grain serré, et difficiles à être broyées ; car leurs parties ont assez de ténacité. La *pierre de corne* contient par quintal, selon *Kirwan*, 22 parties d'alumine, 37 de silice, 16 de magnésie, 23 d'oxyde de fer, et 2 de chaux. Sa pesanteur est 27084.

TROISIEME ESPECE.

Alumine, silice, carbonate de chaux, et fer.

Ce mélange forme les *argiles.* Elles 130.

ont pour caractere d'adhérer fortement à la langue; elles se dessechent, durcissent, et prennent du retrait au feu: elles se divisent dans l'eau, et forment une pâte, que l'on peut manier comme on veut, et à laquelle on peut donner toutes sortes de formes. Le fer est leur principe colorant le plus ordinaire; et leur couleur varie suivant les différents états où s'y trouve ce métal.

Les argiles forment la base des poteries. Nous en avons de trois sortes; la poterie commune, la faïance, et la porcelaine.

131. La *poterie commune* se fait avec de l'*argile* mêlée de sable, pour la rendre plus poreuse, et plus propre à supporter la chaleur. Pour la rendre imperméable à l'eau on y applique un vernis. Ce vernis se fait ou avec la mine de plomb sulfureuse, ou avec la mine jaune de cuivre, réduites en poudre, et délayées dans l'eau. On y plonge le vase, bien desséché par une cuisson; il absorbe l'eau, et sa surface se couvre de la mine

broyée. Ensuite on le met au four, où l'on fait vitrifier la mine : c'est ce verre métallique qui forme le vernis.

Ces vernis sont dangereux, parcequ'ils sont solubles dans les graisses, les huiles, les acides, etc. Il seroit intéressant de leur en substituer d'autres. *Chaptal* en indique deux méthodes.

La premiere consiste à délayer de l'*ar- 132.
gile de Murviel* dans de l'eau, et à y tremper les vases qu'on fait ensuite sécher. Lorsqu'ils sont secs, on les plonge dans une nouvelle eau, dans laquelle on a délayé du verre verd porphyrisé ; on les met au four : cette couche de poussiere vitreuse qui s'est attachée à leur surface se fond avec l'*argile de Murviel ;* et il en résulte un vernis très uni et très blanc.

La seconde méthode consiste à tremper les poteries bien desséchées dans une forte dissolution de sel marin, et ensuite à les faire cuire.

La *faïance* differe de la poterie com- 133.
mune par le degré de finesse des argiles

qu'on y emploie, et par la nature de sa couverte ou vernis. Sa couverte est un verre rendu opaque par l'intermede de l'oxyde d'étain : c'est ce verre qu'on appelle *émail*. Pour faire cet émail on calcine ensemble 100 parties de plomb; 30 d'étain, 10 de sel marin, et 12 de potasse purifiée : c'est ce mélange calciné et fondu qui fournit ce bel émail.

134. La *porcelaine* est la plus fine de toutes les poteries : elle doit être d'un grain très fin, blanche, et demi-transparente. C'est au Japon et à la Chine que les premieres *porcelaines* ont été fabriquées. Il entre dans leur composition deux substances ; l'une argilleuse, et l'autre vitrescible. Les Chinois ont nommé la premiere *kaolin* ; et la seconde *petuntzé*. Ces deux substances se trouvent abondamment en France. La substance argilleuse, à laquelle nous avons conservé le nom de *kaolin*, est commune aux environs d'Alençon, à Saint-Yrieix, à huit lieues de Limoges, et en plusieurs autres endroits. La substance

vitrescible, le *petuntzé* des Chinois, est le *feld spath* ou *spath étincelant*, si commun dans les montagnes des Cévennes, et en plusieurs autres lieux. On prétend même qu'il se trouve à Saint-Yrieix une terre qui, étant composée de ces deux substances, suffit seule pour faire de la *porcelaine*.

Les *argiles* servent aussi, dans les 135.
moulins à foulon, à dégraisser les étoffes. On donne le nom de *terre à pipe* à une *argile* blanche, qui conserve sa blancheur au feu, et qui résiste à une chaleur violente.

QUATRIEME ESPECE.

Alumine, silice, carbonate de magnésie, carbonate de chaux, et fer.

Ce mélange forme les *schistes*, qui 136.
comprennent les *ardoises* et *les pierres à rasoirs* et *à faux*. Ces pierres sont composées de feuillets, ou très apparents, et qui se séparent très facilement suivant leur plan, comme dans les *ar-*

doises; ou peu apparents, et qui se séparent difficilement, comme dans les *pierres à rasoirs et à faux.* Toutes ces pierres sont pénétrables à l'eau. Leur pesanteur spécifique est depuis 25298 jusqu'à 31311. Les *ardoises* sont d'un bleu plus ou moins foncé. On en fait des tables, et l'on en couvre les maisons. Les autres pierres de cette espece servent à aiguiser différents outils.

Kirwan a analysé une ardoise ; de 100 grains il en a retiré 26 d'alumine, 46 de silice, 8 de magnésie, 4 de carbonate de chaux, et 14 de fer.

CINQUIEME ESPECE.

Alumine, silice, carbonate de magnésie, carbonate de chaux, et pyrite ou sulfure de fer.

137. Ce mélange forme le *schiste* connu sous le nom de *schiste pyriteux.* Il ne differe des précédents que par l'acide sulfurique qui s'y trouve uni au fer. Il paroît que la plupart de ces pierres ont été

été déposées par la mer, car on y trouve souvent des empreintes de poissons, de feuilles de plantes marines, et autres caracteres qui décelent leur origine. Lorsque l'*alumine* domine dans ces pierres, on en exploite les mines pour en extraire le *sulfate d'alumine* ou *alun.*

SIXIEME ESPECE.

Alumine, silice, carbonate de magnésie, carbonate de chaux, sulfure de fer, et bitume.

Ce mélange forme encore un *schiste* 138.
pyriteux, qui ne differe du précédent que par le bitume dont il est imprégné. Il a une couleur noire qu'il doit à son bitume. On prétend que ces sortes de *schistes* forment ordinairement le foyer des volcans. Lorsque leur décomposition est favorisée par l'air ou par l'eau, il s'excite une chaleur prodigieuse. Il se produit du gas hydrogène, dû à la décomposition de l'eau: ce gas fait effort contre tout ce qui le retient, et il s'en-

flamme dès qu'il a le contact de l'air. C'est là ce qui occasionne les secousses et les tremblements qui précedent les éruptions volcaniques.

139. Les *mines de charbon* sont ce même *schiste*, mais dans lequel le principe bitumineux est beaucoup plus abondant.

SEPTIEME ESPECE.

Alumine, silice, chaux, et eau.

140. Ce mélange forme les *zéolithes.* Lorsque ces pierres sont pures et homogènes, et qu'elles crystallisent lentement, elles affectent la figure cubique, ou celle d'un parallélipipede rectangle : autrement elles paroissent composées d'aiguilles prismatiques ou pyramidales, qui forment des faisceaux composés de rayons divergents. Toutes sont pénétrables à l'eau. La plupart ont la propriété d'être solubles en gelée par les acides. Quelques unes ont assez de dureté pour produire des étincelles par le choc du briquet ; d'autres n'ont pas la dureté requise pour

cela. On prétend que les premieres doivent cette grande dureté à ce qu'elles sont mêlées de quartz. Leur pesanteur spécifique est depuis 20739 jusqu'à 24868.

Les *zéolithes*, exposées à une chaleur forte, se dilatent et se gonflent plus ou moins, suivant la quantité d'eau qu'elles contiennent. La soude les fait fondre avec effervescence : le borate de soude les fond difficilement, et les phosphates de l'urine n'ont presque point d'action sur elles.

Suivant *Bergmann*, 100 parties de la *zéolithe rouge d'AEdelfors*, en Suede, en contiennent 9,5 d'alumine, 80 de silice, 6,5 de chaux pure, et 4 d'eau. Suivant *Pelletier*, 100 parties de zéolithe blanche des isles de Ferroé, en Islande, en contiennent 20 d'alumine, 50 de silice, 8 de chaux, et 22 d'eau.

GENRE V.

Mélanges siliceux.

141. Toutes les pierres de ce genre étincellent par le choc du briquet.

PREMIERE ESPECE.

Silice, alumine, chaux, et fer, intimement combinés.

142. Le mélange de ces diverses substances forme toutes les *gemmes* ou *pierres précieuses.* Il y en a un grand nombre de variétés, qui se distinguent entre elles par la pesanteur, la dureté, la couleur, l'éclat, les proportions de chacun des principes constituants, et leurs combinaisons plus ou moins intimes.

Comme la couleur est de tous leurs caracteres le plus apparent, c'est par-là que nous les distinguerons.

Pierres gemmes rouges.

143. Ce sont les *rubis*, les *vermeilles*, et les *grenats.*

Les *rubis* sont des pierres transparentes, et dont la couleur est plus ou moins rouge. On en distingue de quatre sortes; savoir, le *rubis oriental*, le *rubis spinelle*, le *rubis balais*, et le *rubis du Brésil.*

1. Le *rubis oriental* est d'un rouge de cochenille ou purpurin: il est d'une dureté à-peu-près égale à celle du saphir oriental (159), et assez approchante de celle du diamant (169). Il paroît inaltérable: il résiste à la violence du feu sans s'y fondre; il y conserve sa couleur, son poli, et tout son poids. On le trouve en crystaux formés de deux pyramides hexaèdres fort alongées, opposées l'une à l'autre par leurs bases, et ayant chacune six faces qui sont des triangles isoscèles. Sa pesanteur spécifique est 42833. Il ne cause à la lumiere qu'une seule réfraction. Suivant *Bergmann*, 100 parties de ce rubis en contiennent 39 de silice, 40 d'alumine, 9 de chaux, et 10 de fer. 144.

2. Le *rubis spinelle* differe beaucoup 145.

du précédent par sa couleur, sa forme, et sa pesanteur. Sa couleur est un rouge qui, vu dans un certain sens, paroît mêlé d'une légere nuance d'orangé. Il est bien moins dur que le rubis oriental (144). Sa forme crystalline ressemble à celle du diamant oriental (170), qui est un octaèdre composé de deux pyramides à quatre faces opposées l'une à l'autre par leurs bases: chacune de ces faces sont des triangles équilatéraux, et sont tout-à-fait planes, au lieu que, dans le diamant oriental, elles sont un peu convexes. La pesanteur spécifique de ce rubis est 37600. Il ne cause à la lumiere qu'une seule réfraction.

146. 3. Le *rubis balais* paroît n'être qu'une variété du précédent, dont il ne differe que par sa couleur, qui est d'un rouge clair. De même que le rubis spinelle, il crystallise en octaèdre, et ne cause à la lumiere qu'une seule réfraction. Sa pesanteur spécifique est 36458.

147. 4. Le *rubis du Brésil* est d'un rouge tirant sur le jaune; ce qui porte à croire

que ce rubis n'est autre chose qu'une topaze du Brésil (153), qui a pris une teinte de rouge. Il crystallise en prisme tétraèdre ou à quatre pans, formant ensemble deux angles aigus et deux obtus, terminé par un sommet à quatre faces, qui sont des triangles scalènes: il arrive quelquefois que vers chaque angle aigu il y a deux petits pans de plus, ce qui en fait un prisme octaèdre; et alors les quatre faces du sommet sont des trapézoïdes. La dureté de ce *rubis* est à-peu-près égale à celle du rubis spinelle (145). Sa pesanteur spécifique est 35311. Il cause aux rayons de lumiere une double réfraction.

5. La *vermeille* est d'un rouge cra- 148.
moisi, approchant beaucoup de celui du grenat (149), mais beaucoup plus éclatant. J'ignore quelle est la forme de ses crystaux. Sa pesanteur spécifique est 42299. Elle ne cause aux rayons de lumiere qu'une réfraction simple. Cette propriété et sa pesanteur ont fait croire à quelques naturalistes que cette

pierre est une sorte de rubis oriental.

149. 6. Le *grenat* est d'un rouge très foncé : il a peu de transparence, sur-tout quand il a une certaine épaisseur; aussi est-on souvent obligé de le chever en dessous. Ses crystaux ont douze faces rhomboïdales ; ou vingt-quatre faces, qui sont des trapézoïdes ; ou trente-six faces, dont douze sont des rhombes, et les vingt-quatre autres sont des hexagones alongés, interposés entre ces rhombes. Sa dureté est un peu supérieure à celle de l'émeraude du Pérou (165); une lime bien trempée a à peine prise sur lui. Le *grenat* entre en fusion au feu ; mais il y conserve sa couleur. Sa pesanteur spécifique est 41888. Il cause aux rayons de lumiere une double réfraction. Suivant *Achard*, 100 parties de *grenat* en contiennent 48,3 de silice, 30 d'alumine, 11,6 de chaux, et 10 de fer.

150. 7. Le *grenat syrien* est d'un rouge fort éclatant, quelquefois tirant sur le violet. Il est probable qu'il tient moins

de fer que le précédent; aussi sa pesanteur spécifique est-elle moindre; elle n'est que de 40000. Il cause aux rayons de lumiere une double réfraction.

Pierres gemmes jaunes.

Ce sont les *topazes*, l'*hyacinthe*, le 151.
jargon de Ceilan, et le *girasol*.

Il y a parmi les *gemmes* trois sortes de topazes; savoir, la *topaze orientale*, la *topaze du Brésil*, et la *topaze de Saxe*.

1. La *topaze orientale* est d'un très 152.
beau jaune d'or très vif. Ses crystaux ressemblent à ceux du rubis oriental (144). Sa dureté est, à très peu près, égale à celle de ce rubis. Elle résiste à la violence du feu sans s'y fondre, et elle y conserve sa transparence et sa couleur. Sa pesanteur spécifique est 40106. Elle ne cause aux rayons de lumiere qu'une seule réfraction. Suivant *Bergmann*, 100 parties de topaze en contiennent 39 de silice, 46 d'alumine, 8 de carbonate de chaux, et 6 de fer.

Il y a une variété de cette pierre, q. n'en differe que par la couleur, qui est d'un jaune tirant sur le verd : aussi l'a-t-on nommée *topaze pistache.* Sa pesanteur spécifique est 40615. Elle ne cause aux rayons de lumiere qu'une réfraction simple.

153. 2. La *topaze du Brésil* est d'un beau jaune d'or assez brillant, mais plus foncé que celui de la topaze orientale (152). Ses crystaux sont parfaitement semblables à ceux du rubis du Brésil (147) : elle a aussi la même dureté. Cette *topaze*, étant mise au feu, prend une couleur rouge, et ressemble alors au rubis du Brésil : aussi pense-t-on, et, je crois, avec raison, que le rubis du Brésil n'est autre chose qu'une *topaze du Brésil* qui a pris une teinte de rouge. Sa pesanteur spécifique est 35365. Elle cause aux rayons de lumiere une double réfraction.

154. 3. La *topaze de Saxe* est d'un jaune qui a peu de vivacité. Elle crystallise en prisme octaèdre, dont le sommet est

composé de douze faces latérales inclinées, de différentes figures, et d'une treizieme face horizontale, qui est hexagone. Sa pesanteur spécifique est 35640. Elle cause aux rayons de lumiere une double réfraction.

On trouve quelquefois cette *topaze* blanche et sans couleur. Sa pesanteur spécifique n'est alors que 35535.

4. L'*hyacinthe* est d'une couleur 155.
orangée, ou d'un rouge tirant sur le jaune. La forme de ses crystaux est un prisme tétraèdre rectangle, ou à quatre pans hexagones, terminé, à chacune de ses extrémités, par un sommet à quatre faces rhombes, qui répondent aux arêtes du prisme. Sa dureté est à-peu-près égale à celle du crystal de roche (173) ; une bonne lime a assez de prise sur elle. Elle entrè en fusion au feu, et y perd sa couleur. Sa pesanteur spécifique est 36873. Elle cause aux rayons de lumiere une double réfraction.

Suivant *Bergmann*, 100 parties de cette pierre en contiennent 25 de silice,

40 d'alumine, 20 de carbonate de chaux, et 13 de fer.

Suivant *Achard*, 100 parties en contiennent 21,66 de silice, 41,33 d'alumine, 20 de carbonate de chaux, et 13,33 de fer.

156. 5. Le *jargon de Ceilan* est une pierre nouvellement connue. Sa couleur approche de celle de l'hyacinthe (155); mais elle differe beaucoup de cette pierre par sa forme crystalline, par sa dureté, par sa résistance à l'action du feu, et par sa pesanteur. Elle est sûrement une espece particuliere. La forme de ses crystaux est un prisme tétraèdre rectangle, terminé, à chacune de ses extrémités, par un sommet à quatre faces, qui sont des triangles isoscèles. Ce prisme est quelquefois très court, et quelquefois assez long : on en trouve qui ont cinq à six fois la hauteur d'un des sommets. Elle résiste à l'action du feu sans se déformer. Sa pesanteur spécifique est 44161 : c'est la plus pesante de toutes les *gemmes*. Elle cause aux rayons de

lumiere une double réfraction, qui sépare les deux images d'une grande distance.

6. Le *girasol* est une pierre transparente blanche, qui a une légere teinte 157.
de rouge, et une de bleu encore plus légere. Cette pierre est peu connue : on ignore quelle est la forme de ses crystaux. Sa pesanteur spécifique est 40000. Elle paroît tenir le milieu entre le rubis et le saphir orientaux : comme eux elle ne cause aux rayons de lumiere qu'une réfraction simple.

Pierres gemmes bleues.

Ce sont les *saphirs* et les *aigues-marines*. 158.

Les *saphirs* sont des pierres transparentes dont la couleur est d'un bleu plus ou moins foncé. Parmi ces *gemmes* il n'y en a que deux sortes, savoir, le *saphir oriental*, et le *saphir du Brésil*.

1. Le *saphir oriental* est d'un superbe 159.
bleu céleste. Sa forme crystalline est la

même que celle du rubis oriental (144) et de la topaze orientale (152). Sa dureté ne le cede qu'à celle du diamant, et elle n'est que de très peu supérieure à celle du rubis oriental. Il résiste à la violence du feu sans s'y fondre, mais il y perd sa couleur. Sa pesanteur spécifique est 39941. Il ne cause aux rayons de lumiere qu'une réfraction simple.

Suivant *Bergmann*, 100 parties de saphir en contiennent 35 de silice, 58 d'alumine, 5 de chaux, et 2 de fer.

Il y a une variété de cette pierre, qui n'en differe que parcequ'elle est blanche: c'est peut-être l'effet du feu. Sa pesanteur spécifique n'est que 39911.

On trouve aux environs du Puy en Vélay de petites pierres transparentes, d'un beau bleu céleste, qui paroissent être de vrais saphirs orientaux; du moins ils en ont la couleur, la forme, la dureté, et la pesanteur; ils sont même un peu plus pesants, car leur pesanteur spécifique est 40769. Ils ne causent aussi aux rayons de lumiere qu'une réfraction simple.

2. Le *saphir du Brésil* differe beaucoup des précédents par sa dureté, qui est beaucoup moindre. Sa couleur est d'un bleu foncé ou bleu de roi. Il crystallise en prisme à huit ou neuf pans, un peu striés, et difficiles à déterminer. Il est assez probable que sa vraie forme crystalline est semblable à celle de la plupart des pierres du Brésil, c'est-à-dire que c'est un prisme ennéaèdre ou à neuf pans, dont trois grands pentagones, et six petits en parallélogrammes obliquangles, terminé, à chacune de ses extrémités, par un sommet à trois faces, pentagonales à une de ses extrémités, et hexagones à l'autre, les arêtes d'un des sommets répondant aux faces de l'autre. Sa pesanteur spécifique est 31307. Il cause aux rayons de lumiere une double réfraction. 160.

Les *aigues-marines* sont des pierres transparentes, d'un bleu tirant sur le vert. On en connoît de deux especes, l'une orientale, et l'autre occidentale, qui different beaucoup entre elles par 161.

l'éclat, la forme crystalline, la dureté, et la pesanteur. Toutes deux causent aux rayons de lumiere une double réfraction.

162. 3. L'*aigue-marine orientale* ou *béril* a beaucoup d'éclat. Elle crystallise, comme la topaze de Saxe (154), en prisme octaèdre, dont le sommet est composé de douze faces latérales inclinées, de différentes figures, et d'une treizieme horizontale, qui est hexagone. Sa dureté est à-peu-près égale à celle du grenat (149). Sa pesanteur spécifique est 35489.

163. 4. L'*aigue-marine occidentale* a moins d'éclat que la précédente. Elle crystallise en prisme hexaèdre régulier, terminé, à chacune de ses extrémités, par un plan hexagone. Sa dureté n'est guere supérieure à celle du crystal de roche. Elle entre en fusion au feu, et y perd sa couleur. Sa pesanteur spécifique est 27227.

Pierres

Pierres gemmes vertes.

Ce sont l'*émeraude du Pérou* et les *chrysolithes.* 164.

1. L'*émeraude du Pérou* est d'un verd plus ou moins foncé : celles qui sont d'un verd clair sont les plus estimées. La forme crystalline de cette *émeraude* est la même que celle de l'aigue-marine occidentale (163). Sa dureté est un peu moindre que celles du grenat (149) et du béril (162) : une lime bien trempée a un peu de prise sur elle. Elle résiste à la violence du feu sans s'y fondre, et y conserve sa couleur ; cependant, quand elle est fortement chauffée, elle paroît bleue, et garde cette couleur tant qu'elle est pénétrée par le feu ; mais elle reprend, en se refroidissant, la couleur verte qui lui est naturelle ; et alors elle a la propriété phosphorique. Sa pesanteur spécifique est 27755. Elle cause aux rayons de lumiere une double réfraction. 165.

Suivant *Bergmann*, 100 parties d'*émeraude* en contiennent 24 de silice, 60 d'alumine, 8 de chaux, et 6 de fer.

166. Les *chrysolithes* sont des pierres transparentes, d'un jaune tirant sur le verd. Leur dureté est un peu moindre que celle de l'émeraude du Pérou (165): une lime bien trempée a assez de prise sur elles. Elles résistent à la violence du feu sans s'y fondre; mais souvent elles y perdent leur couleur. On connoît deux sortes de *chrysolithes*, savoir, la *chrysolithe* dite *des joailliers*, et la *chrysolithe du Brésil*. Toutes deux causent aux rayons de lumiere une double réfraction.

167. 2. La *chrysolithe des joailliers* est d'un jaune clair mêlé de verd. Elle crystallise en prisme hexaèdre, dont les arêtes sont abattues plus ou moins profondément, et terminé, à chacune de ses extrémités, par un sommet à six faces. Sa pesanteur est 27821.

168. 3. La *chrysolithe du Brésil* est d'une belle couleur d'or, tirant tant soit peu sur le verd. Elle crystallise, comme

l'émeraude du Pérou (165), en prisme hexaèdre régulier, terminé, à chacune de ses extrémités, par un plan hexagone. Sa pesanteur spécifique est 26923.

La couleur, la dureté, la pesanteur, et la réfraction, sont les caracteres sûrs pour reconnoître les gemmes.

Diamants.

Le *diamant* est une pierre qui doit certainement être placée parmi les pierres précieuses; mais elle est si différente de toutes celles dont nous venons de parler, qu'elle doit faire un article à part. Sa combustibilité est une propriété qui lui est tout-à-fait particuliere: en effet, le *diamant* brûle à la maniere du phosphore, et disparoît sans qu'il en reste aucun vestige; mais il faut pour cela qu'il ait le contact de l'air, de même que ce contact est nécessaire pour la combustion de tous les autres corps. Le feu de coupelle est suffisant pour cela. 169.

Le *diamant* est le plus dur de tous les

corps; on ne peut le travailler que par lui-même : la poudre de *diamant* est la seule qui puisse mordre sur le *diamant*.

Le *diamant* a une très grande transparence. C'est la plus belle et la plus brillante de toutes les pierres. Tous les *diamants* ne causent à la lumiere qu'une réfraction simple ; mais cette réfraction est plus forte que celle des autres corps ; ils séparent mieux les couleurs : voilà pourquoi ils brillent d'un si bel éclat, sur-tout à la lumiere du soleil, ou même des bougies. On en connoît de deux sortes, savoir, le *diamant d'orient*, et le *diamant du Brésil*.

170. 1. Le *diamant d'orient* crystallise en octaèdre, composé de deux pyramides à quatre faces triangulaires équilatérales, un peu convexes, opposées l'une à l'autre par leur base. Cette forme se modifie quelquefois en figures de vingt-quatre faces, quelquefois même de quarante-huit, toutes triangulaires et un peu convexes. Sa pesanteur spécifique est 35212.

Il y a plusieurs variétés du *diamant*, qui ne different entre elles que par leur couleur. J'en connois de rouges, de couleur de rose, d'orangés ou feuille-morte, de jaunes, de verds, et de bleus.

Je n'en ai vu de rouge qu'un trop petit morceau pour pouvoir éprouver sa pesanteur spécifique.

Le *diamant couleur de rose* n'avoit qu'une légere couleur, semblable à la fleur de pêcher. Sa pesanteur est 35310.

Le *diamant orangé* est d'un orangé tirant sur le rouge; ce qui lui a fait donner le nom de *feuille morte*. Sa pesanteur est 35500.

Le *diamant jaune* a une couleur à-peu-près semblable à celle de la topaze orientale (152). Sa pesanteur est 35185.

Le *diamant verd* est d'un verd léger. Sa pesanteur est 35238.

Le *diamant bleu* est d'un beau bleu de saphir oriental, mais qui a tout l'éclat et le brillant du *diamant*.

2. Le *diamant du Brésil* crystallise 171.
en dodécaèdre, dont les douze faces

sont des rhombes un peu convexes. Sa pesanteur spécifique est 34444.

DEUXIEME ESPECE.

Silice, peu d'alumine, de chaux, et de fer.

172. Ce mélange forme les *crystaux de roche* et les *quartz*. Ces deux sortes paroissent être la même. On nomme *crystal de roche* celle qui est crystallisée, et *quartz* celle qui est informe. Toutes ces pierres causent aux rayons de lumiere une double réfraction.

173. 1. Les *crystaux de roche* sont des pierres transparentes, les unes sans couleur, les autres colorées, et dont la cassure est vitreuse. La forme de leurs crystaux est un prisme hexaèdre, terminé, à une de ses extrémités, et quelquefois aux deux, par un sommet à six faces triangulaires. Leur dureté n'est pas très grande; elle est inférieure à celle de toutes les *pierres gemmes*, et par conséquent à celle de l'aigue-ma-

rine occidentale, qui est la moins dure de toutes.

Le *crystal de roche* est la pierre dans laquelle la *silice* est dans l'état le plus approchant de la pureté, et où elle est le moins mêlée; car, d'après son analyse faite par *Bergmann*, 100 parties de cette pierre lui en ont fourni 93 de silice, 6 d'alumine, et 1 de chaux.

Le *crystal de roche* est souvent coloré 174.
par le fer, et il prend alors des nuances particulieres qui lui ont fait donner différents noms. Ce ne sont que des variétés.

Le *crystal de roche limpide et sans couleur*. Sa pesanteur spécifique est 26530.

Le *crystal de roche couleur de rose*. Sa pesanteur spécifique est 26701.

Le *crystal jaune*, dit *topaze de Bohême*. Sa pesanteur est 26541.

Le *crystal verd*, dit *fausse émeraude*. Il est très rare; je n'ai pas été à portée de le peser.

Le *crystal bleu*, dit *saphir d'eau*. Sa pesanteur est 25813.

Le *crystal violet*, dit *améthyste*. Sa pesanteur est 26535. *Darcet* prétend qu'à un feu violent il perd sa couleur.

Le *crystal violet-pourpré*, dit *améthyste de Carthagene*. Sa pesanteur est 26570.

Le *crystal brun*, dit *topaze enfumée de Bohême*. Sa pesanteur est 26534.

Le *crystal noir*. Celui-ci est le même que le précédent; il n'en differe que par sa couleur, qui est beaucoup plus foncée. Sa pesanteur est 26536.

175. 2. Les *quartz* sont des pierres dont la transparence est de beaucoup inférieure à celle des crystaux de roche. Quand ils crystallisent, ils prennent la même forme que le crystal de roche (173), et ils ont, de même que lui, une cassure vitreuse. Ils ont aussi la même dureté, et à-peu-près la même pesanteur spécifique. Les *quartz* entrent dans la composition des granits.

Le *quartz en masse* n'a qu'une transparence louche : il est très réfractaire. On en fait la base des briques employées à la construction des fours de verrerie. Sa pesanteur spécifique est 26471.

Il y en a une variété qui est crystallisée, et dont la couleur est un rouge brun: elle est connue sous le nom d'*hyacinthe de Compostelle*. Sa pesanteur est 26468.

Les *grès* sont des pierres de la même 176.
nature que celles dont nous venons de parler; car ils sont composés de petits grains de quartz, lesquels, pris séparément, sont la plupart demi-transparents; mais l'ensemble est opaque. La cassure des *grès* est grenue. Ils sont presque tous pénétrables à l'eau.

Il se trouve dans tous les *sables* des 177.
fragments de *quartz*, et il y a des *sables* qui ne sont que cela: tel est le sablon fin d'Estampes. Il y a aussi des *grès* mêlés d'argile.

TROISIEME ESPECE.

Silice, alumine, magnésie, et baryte.

Ce mélange forme le *spath étincelant* 178.

ou *feld-spath*. C'est le *petuntzé* des Chin is.

Les *spaths étincelants* sont tous plus ou moins chatoyants, c'est-à-dire qu'ils ont la propriété de paroître changer de couleur suivant les différentes expositions au jour sous lesquelles on les regarde. Lorsque rien ne s'oppose à leur crystallisation, ilsprennent la forme d'un prisme tétraèdre incliné dont la surface est composée de six pans, dont quatre rectanguleres et deux rhomboïdaux. Ils cr stallisent aussi en prisme hexaèdre ou à six pans, dont deux hexagones et quatre quadrilateres, terminé, à chacune de ses extrémités, par un sommet à deux faces pentagonales. Il s'en trouve aussi en crystaux d'une forme plus composée : c'est un prisme décaèdre ou à dix pans, dont deux grands octogones, et huit petits en trapèzes, terminé, à chacune de ses extrémités, par un sommet composé d'une grande face ennéagone ou à neuf côtés, d'une grande eptagone ou à sept côtés, et de quatre petites faces trapézoïdes.

Les *spaths étincelants* ont une dureté inférieure à celle du quartz (175). Leur tissu est serré et lamelleux. Leur cassure est spathique, et toutes les parties paroissent comme polies dans l'endroit de la fracture. Ceux qui ont assez de transparence font observer qu'ils causent aux rayons de lumiere une double réfraction. On en distingue de six sortes ; savoir,

Le blanc, dont la pesanteur spécifique est 25946.

Le rougeâtre, dont la pesanteur est 24378.

Le verd, dont la pesanteur est 27045.

Le verd et blanc, dont la pesanteur est 31051.

Le bleu, dit *pierre de Labrador*, dont la pesanteur est 26925.

Le transparent, dont la pesanteur est 25644.

Cent parties du *spath étincelant blanc* en contiennent 67 de silice, 14 d'alumine, 8 de magnésie, et 11 de baryte.

Les *spaths étincelants* se fondent par

l'action du feu, et forment un émail blanc. Ils sont une des parties constituantes de la porcelaine (134).

Ils entrent dans la composition des porphyres (198), des serpentins (199), des ophites (200), des granitelles (201), des granits (202), et de la porcelaine, (134).

179. On peut placer ici le *spath adamantin*, qui approche beaucoup des précédents par son coup-d'œil et sa cassure spathique, mais qui en differe beaucoup par sa grande dureté, par sa forme et par sa pesanteur. Sa dureté est si grande, qu'on prétend qu'il peut servir à tailler le diamant. La forme de son crystal est un prisme hexaèdre ou à six pans, deux grands et quatre petits. Sa pesanteur spécifique est 38732.

QUATRIEME ESPECE.

Silice, alumine, chaux, et fer, intimement mêlés.

180. Ce mélange forme les pierres connues

sous le nom de *silex*. Les unes ont la propriété de chatoyer, et les autres ne l'ont pas. On en connoît trois chatoyantes; savoir, les *opales*, les *yeux-de-chat*, et les *yeux de poisson*.

1. Les *opales* font toutes paroître les 181.
couleurs de l'iris plus ou moins vives, plus ou moins brillantes. Leur pesanteur spécifique est 21140. Lorsqu'elles ont assez de transparence, on observe qu'elles causent aux rayons de lumiere une double réfraction.

2. Les *yeux-de-chat* sont des pierres 182.
dont il paroît partir des traits de lumiere semblables à ceux qu'on voit partir des yeux des chats. On en trouve de différentes couleurs; il y en a de gris, de jaunes, de mors-doré, et de noirâtres. Ces derniers sont beaucoup plus pesants que les autres : seroient-ils mêlés de quelque substance étrangere? cela est assez probable; mais je l'ignore. Leur pesanteur spécifique est 32593. La pesanteur des autres est de 25675 à 26667.

3. Les *yeux-de-poisson* sont commu- 183.

nément blancs et comme feuilletés, et leur substance ressemble assez bien à celle du crystallin cuit des poissons. Leur pesanteur est 25782.

184. Les *silex* non chatoyants sont des pierres dures et demi-transparentes : toutes occasionnent beaucoup d'étincelles par le choc du briquet. Leur cassure est le plus souvent vitreuse, et quelquefois écailleuse. Elles sont ornées de couleurs plus ou moins vives : elles reçoivent un beau poli. On en connoît de huit sortes ; savoir, la *pierre à fusil*, le *pétrosilex*, l'*agate*, la *chalcédoine*, la *cornaline*, la *sardoine*, le *jade*, et la *prase*. Lorsque ces pierres ont assez de transparence, on observe qu'elles causent toutes aux rayons de lumiere une double réfraction.

185. 1. La *pierre à fusil* n'a que très peu de demi-transparence. Toutes ont une couleur sombre, et sont convexes ou concaves à la fracture. Elles ne se fondent pas au feu, mais elles deviennent blanches, et faciles à broyer par des cal-

cinations réitérées. Leur pesanteur spécifique est 25941. *Wiegleb*, qui en a fait l'analyse, a trouvé que 100 parties en contiennent 80 de silice, 18 d'alumine, et 2 de fer.

2. Le *pétrosilex* a pour caractere dis- 186.
tinctif d'avoir une demi-transparence semblable à celle de la cire. Il est répandu par veines dans les rochers, et c'est de là qu'il tire son nom. Il y en a de blanc, de rougeâtre, et de veiné. Il blanchit au feu comme la pierre à fusil; mais il est plus fusible, car il coule sans addition. Le borate de soude et les phosphâtes de l'urine le dissolvent sans effervescence. La pesanteur spécifique du *pétrosilex blanc* est 26527; celle du rougeâtre est 26753; et celle du veiné est 27467.

Kirwan, qui a fait l'analyse d'un *pétrosilex*, a trouvé que 100 parties en contenoient 72 de silice, 22 d'alumine, et 6 de chaux.

3. Les *agates* sont unies et luisantes 187.
dans l'endroit de la fracture: elles re-

çoivent un très beau poli. Elles sont variées de toutes sortes de couleurs, si l'on en excepte le rouge vif, l'orangé, et le verd. Exposées au feu, elles perdent leurs couleurs, et deviennent opaques sans se fondre.

On appelle *agates orientales* celles qui sont d'une matiere bien pure, blanches et demi-transparentes. Leur pesanteur spécifique est 25901.

Celles qui sont ornées de couleurs se distinguent les unes des autres par les dispositions de leurs couleurs : il y en a de *nuées*, de *tachées*, de *ponctuées*, de *veinées*, d'*irisées*. On appelle *mousseuses* celles dont l'intérieur paroît comme rempli de mousse. *Daubenton* pense que c'est effectivement de la mousse qui y est renfermée. On donne le nom d'*herborisées* à celles sur lesquelles il paroît une végétation. Ces végétations sont ordinairement produites par une dissolution de fer. Les *agates-onyx* sont celles qui sont composées de couches alternativement opaques et demi-transparentes.

tes. Les pesanteurs spécifiques de toutes ces *agates* sont de 25535 à 26667.

4. Les *chalcédoines* ont une demi- 188.
transparence laiteuse ou nébuleuse. Toutes reçoivent un beau poli. Ces pierres sont blanches; mais elles ont quelquefois des teintes de rouge, de jaune, et de bleu. Leur pesanteur est de 22950 à 26645. *Bindheim*, dans 100 parties de chalcédoine, en a trouvé 83, 3 de silice, 1, 6 d'alumine, 1.1 de chaux, et un peu de fer.

On appelle *chalcédoines onyx* celles qui sont composées de deux couches, l'une d'un blanc demi-transparent, et l'autre d'un blanc opaque. On donne le nom de *chalcédoine hydrophane*, ou *œil du monde*, à celle qui est d'un blanc de lait et opaque, mais qui devient demi-transparente lorsqu'on la met dans l'eau ; on l'appelle aussi *cacholong*. On appelle *chalcédoine enhydre* celle qui est d'un blanc laiteux, ayant un petit commencement de transparence. Lorsqu'on la place entre la lumiere et l'œil, elle paroît percée de petits trous, comme le paroissent les feuilles de *millepertuis*. La pesanteur de cette derniere est 10942.

189. 5. Les *cornalines* sont toutes, ou entièrement, ou en partie, d'un beau rouge; mais elles perdent leur couleur au feu et y deviennent opaques. Elles reçoivent toutes un beau poli.

Il y en a de *ponctuées*, de *veinées*, et même d'*herborisées*. On appelle *cornalines onyx* celles qui sont composées de deux couches, l'une rouge, et l'autre d'un blanc rougeâtre. Leur pesanteur spécifique est de 26120 à 26301.

190. 6. Les *sardoines* sont, en tout ou en partie, d'une couleur orangée, plus ou moins foncée; elles reçoivent toutes un beau poli. Il y en a de *noirâtres*, de *ponctuées*, de *veinées*, et même d'*herborisées*. Exposées au feu, elles perdent leurs couleurs, et deviennent opaques sans se fondre.

On appelle *sardoines onyx* celles qui sont composées de deux couches, l'une blanche, et l'autre orangée. La pesanteur spécifique des *sardoines* est depuis 25949 jusqu'à 26284.

7. Les *jades* ont pour caractere distinctif de recevoir un poli gras ; en effet au toucher il semble que les *jades* aient été frottés d'huile. 191.

Les *jades* se différencient par leurs couleurs; il y en a de *blancs*, de *verds*, et d'*olivâtres*. Leurs pesanteurs spécifiques sont de 29502 à 29829.

8. La *prase* est d'un verd de poireau demi-transparent. Elle reçoit un beau poli. Sa pesanteur spécifique est 25805. 192.

CINQUIEME ESPECE.

Silice, chaux, magnésie, cuivre, et fer.

Ce mélange forme la *chrysoprase*. Elle est d'un verd-pomme demi-transparent. Sa dureté est supérieure à celle des quartz (175). Elle perd sa couleur au feu, et y devient blanche et opaque. 193.

Achard, de 100 parties de *chryso-*

prase, en a retiré 95 de silice, 1, 7 de chaux, 1, 2 de magnésie, et 0, 6 de cuivre.

SIXIEME ESPECE.

Silice, sulfate de chaux ou gypse, fluate de chaux bleu ou spath fluor bleu, et fer.

194. Ce mélange forme la *pierre d'azur.* Elle est d'un bleu céleste admirable, quelquefois mêlé de blanc. Il s'y trouve quelquefois des pyrites, ce qui a fait croire qu'elle contenoit de l'or. Elle est dure et opaque. Exposée à une forte chaleur, elle se fond en un verre blanchâtre. Lorsqu'elle a été calcinée, elle a la propriété d'être soluble en gelée par les acides, mais sans effervescence sensible. Sa pesanteur spécifique est de 27675 à 29454.

La *pierre d'azur* pulvérisée forme cette couleur précieuse connue sous le nom d'*outremer*. L'intensité de la couleur en fait le prix.

Margraaf a retiré, de la *pierre d'azur*, du silex, du sulfate de chaux ou gypse, de la pierre calcaire, et du fer.

SEPTIEME ESPECE.

Silice, alumine, et fer.

Ce mélange forme les *jaspes*. Ils sont 195.
d'une grande dureté, et reçoivent un très beau poli, et même très durable. Exposés au feu, ils ne se fondent point: *Wedgewood* assure même qu'ils y durcissent. Il est rare qu'ils soient luisants à l'endroit de la fracture. Ils sont très variés en couleurs; il y en a de *verds* de différentes nuances, de *rouges*, de *bruns*, de *jaunes*, de *violets*, de *gris*, de *noirâtres*, de *nués*, de *veinés*, de *rubanés:* ces derniers sont variés par raies alternativement de deux couleurs; c'est pour cela qu'on les appelle *jaspes onyx*. Ceux que l'on nomme *fleuris* sont variés par taches de différentes couleurs. Le *jaspe sanguin* est d'un beau verd un peu foncé, et taché d'un beau rouge vif:

celui dans lequel le rouge n'est pas si beau prend le nom d'*héliotrope*. Leur pesanteur spécifique est depuis 23587 jusqu'à 28160.

HUITIEME ESPECE.

Silice, alumine, chaux, peu de magnésie, et peu de fer.

196. Ce mélange forme les *schorls*. Ce sont des pierres dures qui sont fusibles à un feu modéré et sans addition, et dont les crystaux présentent un si grand nombre de variétés, quant à leur forme, leur aspect, leur tissu, leur structure, etc., que l'on peut présumer, avec quelque fondement, qu'on a rangé sous la même dénomination des pierres de natures différentes. Les *schorls* sont ordinairement opaques : il y en a cependant quelques uns de transparents, tels que l'*émeraude du Brésil*, le *péridot*, et la *tourmaline*, etc., qui sont de vrais *schorls*. Ces trois pierres causent aux rayons de la lumiere une double réfraction.

Les *schorls* sont variés en couleurs : il y en a de *noirs*, de *violets*, et de *verds*. Les *schorls noirs* crystallisent, les uns en prisme hexaèdre ou à six pans, qui sont des parallélogrammes obliquangles, terminés, à chacune de leurs extrémités, par un sommet à trois faces rhomboïdales : d'autres crystallisent en prisme octaèdre ou à huit pans, dont deux grands hexagones, quatre petits en trapeze, et deux plus petits en parallélogrammes, terminé, à chacune de ses extrémités, par un sommet à deux faces hexagones : d'autres enfin crystallisent en prisme ennéaèdre ou à neuf pans, dont trois grands pentagònes, et six petits en parallélogrammes obliquangles, terminé, à chacune de ses extrémités, par un sommet à trois faces, pentagonales à une des extrémités, et hexagones à l'autre, les arêtes d'un des sommets répondant aux faces de l'autre. La pesanteur spécifique du *schorl noir* en prisme hexaèdre est 33636 ; celle du *schorl noir* en prisme octaèdre est 32265;

celle du *schorl noir* en prisme ennéaèdre est 30926. Le *schorl noir* en masse, et qui n'est point crystallisé, est connu sous le nom de *basalte noir antique*. Sa pesanteur est 29225. Il y en a un autre connu sous le nom de *schorl spathique*; il est noir et opaque. Cent parties de *schorl noir* en ont fourni à *Chaptal* 52 de silice, 37 d'alumine, 5 de chaux, 3 de magnésie, et 3 de fer.

Le *schorl violet*, qu'on trouve en Dauphiné, est transparent, et d'un fauve tirant sur le violet. Il crystallise en un parallélipipede rhomboïdal très comprimé, dont deux arêtes opposées sont remplacées par des facettes. Sa pesanteur spécifique est 32956. Il perd sa couleur au feu, et même une partie de son poids. Il y a aussi en Dauphiné un *schorl* d'un verd olivâtre et opaque, qui crystallise en aiguilles minces, dont chacune est un prisme rhomboïdal à quatre pans, terminé, à chacune de ses extrémites, par un sommet court à quatre faces. Sa pesanteur spécifique est 34529.

Le *schorl verd*, connu sous le nom d'*émeraude du Brésil*, est d'un verd foncé et transparent. Il crystallise en prisme à neuf pans, striés, mal-prononcés, et difficiles à déterminer, terminé par des sommets très courts à trois faces lisses. Sa pesanteur spécifique est 31555.

Le *schorl* connu sous le nom de *péridot* est d'un verd jaunâtre, plus ou moins foncé et bien transparent. Il crystallise comme l'émeraude du Brésil. Sa pesanteur spécifique est 33548.

Le *schorl* connu sous le nom de *tourmaline* est noirâtre, mais transparent lorsqu'il n'a pas trop d'épaisseur. Il crystallise en prisme ennéaèdre, tout-à-fait semblable à celui du *schorl noir*. Les *tourmalines* deviennent électriques lorsqu'on les chauffe. On trouve des *tourmalines* à Ceilan, au Brésil, et dans le Tirol.

Bergmann a analysé ces trois *tourmalines* : 100 parties de celle de Ceilan lui en ont fourni 37 de silice, 39 d'alumine, 15 de chaux, et 9 de fer; sa pesanteur spécifique est 30541. 100 parties de la *tourmaline* du Brésil lui en ont fourni 34 de silice, 50 d'alumine, 11 de chaux, et 5 de fer. 100 parties de celle du Tirol lui en ont fourni 40 de silice, 42 d'alumine, 12 de chaux, et 6 de fer. La pesanteur spécifique de ces deux dernieres est 30863.

Il y a une autre sorte de *schorl*, connu sous le nom de *schorl cruciforme* ou *pierre de croix*, dont les crystaux sont composés de deux prismes hexaèdres, qui se croisent tantôt à angles droits, tantôt à angles aigus. Sa pesanteur spécifique est 32861.

Les *schorls* entrent dans la composition des porphyres (198), des serpentins (199), des ophites (200), des granitelles (201), et des granits (202).

ORDRE III.

Des roches.

Les cinq terres primitives, savoir, la *chaux* (8), la *magnésie* (16), la *baryte* (23), l'*alumine* (30), et la *silice* (36), différemment mélangées, forment les pierres dont nous venons de parler. 197.

Ces pierres, différemment réunies, et liées par un ciment quelconque, forment les masses pierreuses qu'on appelle *roches*.

Dire comment ces pierres se sont réunies et ainsi mêlées entre elles, seroit une chose très difficile, qui ne seroit même que conjecturale, et qui n'instruiroit guere. Mais il est certain qu'il y en a un nombre prodigieux de variétés par tous les différents mélanges qu'on en trouve. Nous avons désigné les caracteres qui distinguent chacune de ces pierres : elles sont donc aisées à reconnoître dans ces mélanges, car elles n'y sont que mêlées et point dénaturées.

Nous ne désignerons ici que sept de ces mélanges, qui sont ceux qui se trouvent plus fréquemment et en plus grandes masses; les autres ne se trouvent que rarement et en petites masses. Il est même probable qu'on en omettroit beaucoup, car on ne les connoît sûrement pas tous. Les sept que nous allons désigner sont les *porphyres* (198), les *serpentins* (199), les *ophites* (200), les *granitelles* (201), les *granits* (202), les *pierres meulieres* (203), et les *cailloux* (204).

198. 1. Les *porphyres* sont composés de spath étincelant ou feld-spath en petits fragments, de schorl, et d'une espece de ciment qui lie toutes les parties, et qui fait en quelque façon la base des *porphyres*. Ce ciment paroît être du jaspe. Ces pierres, qui sont très dures et difficiles à travailler, reçoivent cependant un beau poli. Leur pesanteur spécifique est de 26760 à 27933.

Il y en a de rouges et de verds: c'est le ciment ou jaspe qui détermine ces couleurs, qui, dans tous, sont sombres et obscures. Les rouges sont parsemés de taches noires, qui sont du schorl, et de taches blanches ou vertes, qui sont du feld-spath. Les verds sont aussi parsemés de taches noires et de taches blanches, dont les noires sont du schorl, et les blanches du feld-spath.

2. Les *serpentins* sont composés des 199.
mêmes substances que les *porphyres* (198); mais ils en different en ce que le feld spath s'y trouve en gros fragments. Ils sont donc composés de gros crystaux de feld-spath et de petits fragments de schorl noir, liés ensemble par un ciment qui est du jaspe. Leur pesanteur spécifique est de 26424 à 29883.

Leurs couleurs varient; il y en a de verds, de violets, de jaunes, et de noirs: c'est toujours le jaspe qui détermine leur couleur principale; et dans tous le schorl est noir. Dans les verds, le feld-spath forme des taches d'un verd clair dans les uns, et d'un gris chatoyant dans les autres. Dans les violets, le feld-spath forme des taches rougeâtres dans les uns, et blanchâtres dans les autres. Dans les jaunes, le feld-spath forme des taches d'un blanchâtre tirant quelquefois sur le verd. Enfin, dans les noirs, le feld-spath est verdâtre.

200. 3. L'*ophite* n'est composé que de deux substances; savoir, de schorl noir en masse, connu sous le nom de *basalte noir antique*, parsemé de feld-spath verdâtre, qui forme des taches longues. Cette pierre est assez dure. Sa pesanteur spécifique est 29722.

201. 4. Les *granitelles* ne sont aussi composés que de deux substances; savoir, de schorl noir spathique, et de feld-spath blanc, mêlé, dans quelques uns, de feld-spath verd. Les *granitelles* different donc de l'ophite (200) en ce que le schorl qui entre dans leur composition n'est pas de la même espece que celui de l'ophite. Leur pesanteur spécifique est de 28465 à 30626.

202. 5. Les *granits* sont composés de feld-spath, de schorl, et de quartz: dans plu-

sieurs il se trouve aussi du mica. Ces pierres sont très dures, difficiles à travailler, et ne reçoivent jamais un beau poli. Les *granits* sont très variés en couleur ; il y en a de toutes les sortes : mais le plus beau de tous est, sans contredit, le *granit bleu de la Carinthie.* Il est varié, par grandes taches, d'un superbe bleu céleste clair, et d'un blanc éclatant. Le bleu est du feld-spath, et le blanc est du quartz, auxquels se trouvent mêlés un peu de mica blanc et brillant, et quelques petits points presque imperceptibles de schorl noir. Les pesanteurs spécifiques des *granits* sont depuis 25388 jusqu'à 29564.

6. Les *pierres meulieres* sont très du- 203.
res, et plus ou moins poreuses : ce sont celles dont on fait ordinairement les meules de moulin. On ne connoît pas bien quelles sont les substances qui entrent dans leur composition. Elles ont plus ou moins de trous, dont quelques uns sont fort grands. La pesanteur spécifique de celles qui sont pleines est 24835.

204. 7. Les *cailloux* sont des pierres dures et opaques, qui reçoivent un beau poli, qui paroissent composées de couches concentriques, et qui sont assez brillantes à l'endroit de la fracture. Les *cailloux* ne se trouvent jamais en carrieres suivies, comme les autres pierres; ils sont détachés et répandus dans la campagne. Ils se décomposent à l'air; aussi sont-ils presque toujours couverts d'une croûte moins dure que l'intérieur. Ils sont très variés en couleur; il y en a de tachetés, de veinés, de panachés, et même d'herborisés. Leur réunion par un ciment quelconque forme les *poudings*. Leurs pesanteurs spécifiques sont depuis 22431 jusqu'à 26644.

ORDRE IV.

Des substances produites par le feu naturel, ou produits des volcans.

Ces substances sont celles que produisent les volcans actuellement allumés, ou que l'on trouve sur les volcans éteints : telles sont les *pierres-ponces*, les *laves*, et les *basaltes*. 205.

1. Les *pierres-ponces* sont du véritable verre, en forme de petits filets gris-blancs et très brillants. Leur pesanteur spécifique est d'environ 9000. Je dis environ, parcequ'il se trouve toujours dans leur intérieur des vides de leur propre substance, qui sont plus ou moins grands ; c'est ce qui fait varier leur pesanteur. 206.

2. La *lave* est cette matiere embrasée qui coule en quantité prodigieuse des volcans actuellement enflammés, qui se répand sur la campagne, et souvent à de grandes distances. Cette matiere est un véritable verre, qui paroît noir par 207.

réflexion, et qui tire sur le violet par transparence. Sa pesanteur spécifique, quand elle est bien pleine, est 23480.

Chaptal, voulant essayer d'en faire des bouteilles, a appris, par expérience, que l'addition de la *lave* diminuoit la proportion de la soude dans la composition du verre, et que ce nouveau principe rendoit les bouteilles plus légeres et plus solides.

208. 3. Les *basaltes* sont noirâtres et opaques. Ils se convertissent au feu en un verre d'un très beau noir. Souvent ils crystallisent en prismes à trois, à quatre, à cinq, à six, et à sept pans. Il y en a dont le grain est très fin; tel est le *basalte* connu sous le nom de *pierre de touche*. Leur pesanteur spécifique est depuis 24153 jusqu'à 28642.

MÉTALLURGIE.

La métallurgie a pour objet l'étude des substances *métalliques*. Ce sont les corps les plus pesants de la nature, qui ont la propriété d'entrer en fusion au feu, et d'y acquérir de l'éclat; ensuite ils se durcissent en se refroidissant, et ils prennent, à la partie supérieure, une surface convexe. 209.

La nature ne nous présente que rarement ces substances dans leur état de pureté. Si l'on en excepte l'or, et quelquefois l'argent, elle les a combinées avec diverses autres substances qui en masquent et en alterent les propriétés métalliques. Elle a laissé à l'industrie de l'homme le soin de les extraire, et de les débarrasser de leurs entraves. 210.

Les métaux, ainsi cachés et enfouis, forment les mines. Les mines existent ordinairement dans des fentes ou crevasses de rochers : on les désigne par le nom de *filons*, qui suivent différentes 211.

directions, qui sont continus ou interrompus. Dans le premier cas, on les appelle *filons suivis ;* dans le second, *filons déserteurs.* On appelle *mines en rognons* celles dont le minerai se présente en amas d'espace en espace.

On nomme *docimasie* la science qui apprend à extraire le métal du minerai.

212. Parmi les substances métalliques, les unes sont malléables et ductiles, c'est-à-dire qu'elles ont la propriété de s'étendre sous le marteau ; les autres sont très peu malléables, ou même point du tout. Les premieres sont les *métaux ;* les secondes, les *demi-métaux.* Nous les diviserons donc en deux ordres.

ORDRE Ier.

Des métaux.

La connoissance des *métaux* est très 213.
importante pour nous: ils sont d'un si
fréquent usage dans le commerce, ils
sont employés dans les arts de tant de
manieres différentes, qu'il est très intéressant pour nous de les bien connoître.

Les *métaux* sont au nombre de sept; 214.
savoir, l'*or*, l'*argent*, le *platine*, le
cuivre, le *fer*, l'*étain*, et le *plomb*.

Parmi eux, les uns sont fixes au feu 215.
le plus long et le plus violent, sans éprouver aucun changement dans leur poids, ni aucune altération sensible. Ceux-ci s'appellent *métaux parfaits*. Les autres ne sont fixes au feu que jusqu'à un certain point; passé ce point, ils s'y alterent: ils se combinent avec l'oxygene, et se changent en une espece de terre appelée *oxyde métallique*. Ces

derniers sont nommés *métaux imparfaits.* Nous en formerons deux genres.

GENRE I.

Des métaux parfaits.

216. On appelle *métaux parfaits* ceux qui ont, à un haut degré, la propriété de s'étendre, s'alonger, s'applatir, sans se déchirer, ou se briser, lorsqu'ils sont frappés à coups de marteau, ou passés à la filiere, ou fortement comprimés, comme au laminoir. Ces *métaux* restent fixes au feu le plus long et le plus violent, sans éprouver de changement dans leur poids, ou aucune altération sensible : tels sont l'*or*, l'*argent*, et le *platine*.

PREMIERE ESPECE.

De l'or.

217. L'*or* est un métal jaune, qui n'a pas un très grand éclat, qui est peu élastique, peu sonore, peu dur, et peu ténace.

Sa ténacité n'égale qu'environ 7 $\frac{1}{4}$ fois celle du plomb. Il est de tous les métaux le plus ductile, et le plus fixe au feu. Sa pesanteur spécifique ne le cede qu'à celle du platine.

L'*or*, n'étant pas sujet à se ternir, 218.
est employé aux ornements et aux parures; mais l'usage le plus important qu'on en fait dans le commerce est d'en faire des pieces d'orfévrerie, de la monnoie, et des bijoux. Pour ces différents usages il est à différents titres. Le titre de l'*or* est déterminé par les karats et les trente-deuxiemes de karat.

L'*or pur* est à 24 karats ou $\frac{768}{32}$ de karat.

L'*or de l'orfévrerie* est à 22 karats ou $\frac{704}{32}$ de karat de fin, et 2 karats ou $\frac{64}{32}$ de karat d'alliage.

L'*or de la monnoie* est à 21 karats $\frac{22}{32}$ de karat ou $\frac{694}{32}$ de karat de fin, et 2 karats $\frac{10}{32}$ de karat ou $\frac{74}{32}$ de karat d'alliage.

L'*or des bijoux* doit être à 20 karats ou $\frac{640}{32}$ de karat de fin, et 4 karats ou $\frac{128}{32}$ de karat d'alliage.

La pesanteur spécifique de l'*or pur*, simplement fondu, est 192581 ; lorsqu'il est fortement écroui, sa pesanteur est 193617.

La pesanteur spécifique de l'*or de l'orfévrerie*, simplement fondu, est 174863 ; et lorsqu'il est forgé, 175894.

La pesanteur spécifique de l'*or de la monnoie*, simplement fondu, est 174022 ; et lorsqu'il est monnoyé, 176474.

La pesanteur spécifique de l'*or des bijoux*, simplement fondu, est 157090 ; et lorsqu'il est forgé, 157746.

219. Dans ses mines, l'*or* se trouve presque toujours à l'état natif ; et il s'y trouve, ou crystallisé en octaèdre, ou en fibres ou filaments de différentes longueurs, ou en lames disséminées dans une gangue, ou en paillettes dispersées dans des sables ou des terres. On le trouve aussi quelquefois en masses irrégulieres ; on l'appelle alors *pepite d'or*. On en trouve de très grosses au Mexique et au Pérou. On le trouve

aussi, mais rarement, minéralisé par le soufre, à l'aide du fer; telles sont les *pyrites auriferes.* Lorsque ces pyrites se décomposent, l'*or* en est toujours mis à nud. Il est possible que les paillettes d'*or* des rivieres auriferes viennent d'une pareille décomposition.

L'*or* exposé au feu rougit avant de se fondre; mais quand il est bien rouge il est tout près de sa fusion. Lorsqu'il est fondu il n'éprouve aucune altération, quelque temps que cela dure. Je l'ai cependant volatilisé au foyer de la lentille de *Trudaine;* mais cette volatilisation ne l'a aucunement altéré, car il a doré une lame d'argent exposée au-dessus. 220.

L'acide nitro-muriatique, ou le muriatè oxygéné, est le vrai dissolvant de l'or: cette dissolution est d'une couleur jaune; et elle tache la peau en pourpre. Si on rapproche convenablement cette dissolution, elle fournit des crystaux jaunes comme des topazes, et qui affectent la forme d'octaèdres tronqués. Ces crystaux sont un vrai *muriate d'or.* 221.

222. Si l'on verse de l'ammoniaque ou alkali volatil fluor sur une dissolution d'*or*, la couleur disparoît; mais au bout de quelque temps il s'en dégage de petits flocons, qui se colorent en jaune de plus en plus, et qui tombent peu-à-peu au fond du vase. Ce précipité, desséché à l'ombre, est connu sous le nom d'*or fulminant*. L'ammoniaque est essentiel à sa fulmination ; car *Berthollet* nous a appris que si l'on chauffe doucement cet *or fulminant* dans des tuyaux qui répondent à l'appareil pneumato-chymique, on obtient du gas ammoniacal, et l'*or* ne peut plus fulminer.

L'*or fulminant* est donc un mélange d'*oxyde d'or* et d'ammoniaque; car si l'on fait fulminer l'*or* dans des tubes qui aboutissent sous une cloche pleine de mercure, on obtient du gas azote, et quelques gouttes d'eau : l'oxygène de l'oxyde et l'hydrogène de l'ammoniaque se dégagent alors en même temps en forme de gas ; ces deux gas s'enflamment, détonnent, et produisent de l'eau;

et le gas azote, resté seul, passe sous la cloche.

L'*or* est précipité de sa dissolution 223.
par plusieurs métaux et demi-métaux; tels que l'argent, le cuivre, le fer, le plomb, l'étain, le mercure, le bismuth, et le zinc. L'étain le précipite sur-le-champ, et forme le *pourpre de Cassius*.

L'*or* s'allie à tous les métaux, et à 224.
plusieurs demi-métaux.

L'arsenic, le bismuth, l'antimoine, et le nickel, le blanchissent, et le rendent aigre et cassant.

L'étain et le plomb lui ôtent une grande partie de sa ductilité.

Le fer forme avec lui un alliage très dur.

Le cuivre le rend plus fusible, et le rougit un peu : cet alliage forme la vaisselle, les monnoies, et les bijoux.

L'argent le rend très pâle : cet alliage forme l'*or verd* des bijoutiers.

Le platine ne change rien à ses propriétés, si ce n'est qu'il augmente sa pesanteur spécifique.

Le mercure forme avec lui une pâte, avec laquelle on dore en *or moulu.*

On dore aussi avec l'*or* en poudre. Pour cela on trempe des linges dans une dissolution d'*or;* on les fait sécher, et on les brûle. Lorsqu'on veut en faire usage, on trempe un bouchon mouillé dans ces cendres, on en frotte le métal qu'on veut dorer, et ensuite on le polit.

DEUXIEME ESPECE.

De l'argent.

225. L'*argent* est d'une couleur blanche, pure et brillante : il est, après l'*or*, le plus estimé de tous les métaux; il est, après l'or et le platine, le plus ductile et le plus fixe au feu ; il est aussi, après le cuivre, le plus sonore de tous. Son élasticité et sa ténacité ne le cedent qu'à celles du fer, du cuivre, et du platine. Sa ténacité égale neuf fois celle du plomb. Sa dureté est inférieure à celles du fer, du platine, et du cuivre. Sa pesanteur

spécifique est moindre que celle du platine, de l'or, du mercure, et du plomb; mais elle surpasse celle de tous les autres métaux et demi-métaux.

L'*argent* est principalement employé à faire des pieces d'orfévrerie, comme plats, assiettes, etc., et à faire de la monnoie. Pour ces différents usages, il doit être à différents titres. Le titre de l'*argent* est déterminé par les deniers, et les vingt-quatriemes de denier, qu'on appelle *grains*. 226.

L'*argent* pur est à 12 deniers ou 288 grains.

L'*argent de l'orfévrerie* est à 11 deniers 10 grains, ou 274 grains de fin et 14 grains d'alliage.

L'*argent de la monnoie* est à 10 deniers 21 grains, ou 261 grains de fin et 27 grains d'alliage.

La pesanteur spécifique de l'*argent pur*, simplement fondu, est 104743; et lorsqu'il est fortement écroui, sa pesanteur est 105107.

La pesanteur spécifique de l'*argent*

de l'orfèvrerie, simplement fondu, est 101752; et lorsqu'il est forgé, 103765.

La pesanteur spécifique de l'*argent de la monnoie*, simplement fondu, est 100476; et lorsqu'il est monnoyé, et qu'il a passé sous le balancier, 104077. Dans tous ces cas, l'alliage est du cuivre, qui augmente la dureté de l'*argent*.

227. Dans ses mines, l'*argent* se trouve quelquefois à l'état natif; on l'appelle alors *argent vierge*. Dans cet état, il est, ou crystallisé en rameaux, et s'appelle *argent vierge en végétation*; ou il se trouve en filets minces, capillaires et flexibles, ou en lames minces, dispersées dans des gangues, ou bien en masses plus ou moins grosses. Beaucoup plus souvent l'*argent* se trouve minéralisé avec d'autres substances.

228. Lorsque l'*argent* est minéralisé avec le soufre, il est connu sous le nom de *mine d'argent vitreuse*: sa couleur est grise. Cette mine se coupe au couteau aussi aisément que le plomb. Sa pesanteur spécifique est 69099.

Lorsque l'*argent* est minéralisé par l'acide muriatique, il se nomme *mine d'argent cornée:* sa couleur est d'un brun de chocolat clair. Cette mine se coupe aisément au couteau. C'est un vrai *muriate d'argent.* Sa pesanteur spécifique est 47488. 229.

L'*argent* minéralisé par le soufre et l'antimoine est connu sous le nom de *mine d'argent blanche antimoniale.* Cette mine est blanche comme l'*argent;* elle est fragile, et sa cassure est granuleuse. Exposée au feu, elle y devient fluide comme l'eau: il s'en exhale de l'antimoine et du soufre; et il reste de l'*argent* mêlé d'un oxyde d'antimoine, dont on le débarrasse à l'aide des fondants et de la coupellation. 230.

L'*argent* minéralisé par le soufre et l'arsenic forme la *mine d'argent rouge demi-transparente.* Cette mine est d'un rouge de grenat demi-transparent. Calcinée, elle offre un résidu à l'état métallique, ayant à sa surface des filets d'argent contournés. Sa pesanteur spécifique est 55886. 231.

232. L'*argent* minéralisé par l'arsenic et le fer forme la *mine d'argent rouge opaque.* Cette mine est d'un rouge de grenat, mais opaque. Elle paroît un assemblage de plusieurs crystaux confondus les uns avec les autres, auxquels sont unis quelques petits crystaux de quartz. Sa pesanteur spécifique est 55637.

233. L'*argent* minéralisé par le fer et le cuivre forme la *mine d'argent noire*, laquelle est en effet de cette couleur. Elle paroît très spongieuse, et elle ressemble à une scorie légere. Elle est très pénétrable à l'eau. Sa pesanteur spécifique est, lorsqu'elle est seche, 21780; et lorsqu'elle est pénétrée d'eau, 23401.

La pesanteur spécifique de toutes ces mines est d'autant plus grande que la mine est plus riche en métal.

234. L'*argent* exposé au feu rougit avant de se fondre; mais il se fond fort peu de temps après. Lorsqu'il est fondu, on peut lui faire éprouver un feu violent, sans l'altérer. Exposé au foyer de la lentille

lentille de *Trudaine*, il s'est, à la vérité, volatilisé en fumée épaisse ; mais il a blanchi des lames d'or exposées au-dessus. Quelques chymistes prétendent l'avoir vitrifié : n'auroit-on point vitrifié plutôt quelque portion des supports ?

Si, sur de l'argent très divisé, on verse de l'acide sulfurique concentré et bouillant, il se dégage un gas acide sulfureux. L'*argent* s'oxyde donc en se combinant avec l'oxygène de l'acide ; et cet oxyde est blanc. Il augmente alors de poids d'une quantité égale à $\frac{12}{100}$ de son poids. 235.

L'acide nitrique est le vrai dissolvant de l'*argent*. De cette dissolution il se dégage beaucoup de gas nitreux, à cause de la combinaison de l'oxygène de l'acide avec l'*argent*. La dissolution est d'abord bleue ; mais si l'*argent* est pur, cette couleur disparoît ; si l'*argent* est allié avec le cuivre, la dissolution est verte. L'acide nitrique peut dissoudre une quantité d'*argent* qui égale plus de 236.

la moitié de son poids. Il se précipite alors des crystaux qui sont un *nitrate d'argent*, et qu'on connoît sous le nom de *crystaux de lune.* La dissolution de ces crystaux est très caustique : elle brûle l'épiderme. Ce *nitrate d'argent,* fondu, et coulé dans une lingotiere, forme la *pierre infernale.* Elle doit être faite avec de l'*argent pur.*

L'*argent* peut être précipité de sa dissolution par l'eau de chaux, par les alkalis, et par quelques métaux, tels que le cuivre et le mercure. Lorsque l'*argent* est précipité par le mercure, il forme une espece de végétation connue sous le nom d'*arbre de Diane.*

257. L'acide muriatique ne dissout point l'*argent*, mais il dissout promptement ses oxydes. Il paroît que les métaux ne se dissolvent dans les acides qu'après s'être oxydés : aussi le muriate oxygéné dissout l'*argent*, parceque cet *argent* s'oxyde d'abord par l'excès d'oxygène du muriate, lequel est devenu par-là acide muriatique simple, qui dissout ensuite

l'*oxyde d'argent*, et forme le *muriate d'argent*. Ce muriate peut être décomposé par les alkalis.

De même que l'or, l'*argent* acquiert aussi la propriété de fulminer, mais dans un degré bien supérieur. Pour former l'*argent fulminant*, il faut employer le procédé de *Berthollet*, que voici. On dissout de l'*argent de coupelle* dans l'acide nitrique ; on précipite l'*argent* de cette dissolution par l'eau de chaux ; on décante, et l'on expose l'oxyde pendant trois jours à l'air : on étend ensuite cet oxyde desséché dans l'ammoniaque, où il prend la forme d'une poudre noire ; on décante, et on laisse sécher cette poudre à l'air. C'est elle qui est l'*argent fulminant*. *Berthollet* pense que la présence de la lumiere influe sur le succès. 238.

Il faut le contact d'un corps embrasé pour faire détonner la poudre à canon ; il faut faire prendre à l'or fulminant un certain degré de chaleur, pour qu'il détonne ; et le contact du plus petit corps, même froid, fait détonner l'*argent fulminant.* C'est un être vraiment intactile; aussi ne peut-on le garder que dans la capsule où s'est faite l'évaporation. Il faut beaucoup de prudence pour faire cet *argent fulminant*, et plus encore pour en faire les expériences.

Berthollet donne de cette détonnation l'explication suivante: L'oxigène, qui tient peu à l'*argent*, se combine avec l'hydrogène de l'ammoniaque: il en résulte de l'eau à l'état de vapeur. Sa grande force expansive est la principale cause de la détonnation. De plus, l'azote de l'ammoniaque, se réduisant en gas, augmente encore l'effet. Après la fulmination, l'*argent* est revivifié.

TROISIEME ESPECE.

Du platine.

239. Le *platine* est un métal blanc, mais plus sombre et pas si brillant que l'argent. Il est plus pesant que l'or; il est,

par conséquent, le plus pesant de tous les corps. Sa dureté ne le cede qu'à celle du fer, et sa ténacité qu'à celle du fer et du cuivre ; elle est plus de treize fois aussi grande que celle du plomb. Exposé au feu, il est à-peu-près aussi fixe que l'or. Il n'éprouve aucune altération ni à l'air ni à l'eau.

Le *platine* se trouve dans ses mines 240.
en petits grains ou paillettes d'un blanc livide : il y est toujours combiné avec du fer, et il est alors attirable à l'aimant. Ainsi mêlé, sa pesanteur spécifique est 156017. Dans cet état il est peu ductile ; mais s'il est parfaitement purifié de toute substance étrangere, il est assez ductile pour être passé au laminoir et à la filiere, et même en fil très délié, sans se rompre.

Le *platine* est absolument infusible 241.
au feu ordinaire. Exposé au foyer de la lentille de *Trudaine*, il n'y a eu tout au plus qu'un petit commencement de fusion ; de sorte que ses grains se sont un peu collés les uns aux autres. Mais

Lavoisier a fondu aisément ce *platine*, en soufflant le feu avec le gas oxygène, Par ce procédé, *Lavoisier* a fondu encore plus aisément le *platine purifié*. Dans cet état de purification, sa pesanteur spécifique est 195000. Mais lorsqu'il a passé au laminoir, sa pesanteur est 220690.

242. Le *platine* n'est dissoluble que dans l'acide nitro-muriatique, ou muriate oxygéné. Les alkalis le précipitent de sa dissolution.

243. Une dissolution de muriate d'ammoniaque, versée sur une dissolution de *platine*, y forme un précipité orangé, qui est une véritable substance saline, entièrement soluble dans l'eau. Cette propriété qu'a le muriate d'ammoniaque de précipiter le *platine* fournit un moyen simple pour reconnoître l'alliage du *platine* avec l'or.

244. Le *platine* peut s'allier avec plusieurs métaux ; mais ils le rendent cassant. Cependant le cuivre, s'il est dans la proportion de 3 ou 4 à 1, forme avec lui un

métal très dur, mais ductile, qui reçoit un beau poli, et qui se ternit très peu.

Le *platine* est un métal précieux par 245.
sa grande dureté, par le beau poli dont il est susceptible, et par son inaltérabilité. On en peut faire des miroirs de télescope, bien préférables à ceux qu'on a faits jusqu'ici, parcequ'ils ne perdent jamais leur poli. Il a encore une propriété bien précieuse, qui est celle de changer très peu de dimensions par les différentes températures. Aussi s'en est-on servi utilement pour la mesure de l'arc du méridien compris entre Dunkerque et Barcelone.

GENRE II.

Des métaux imparfaits.

On appelle *métaux imparfaits* ceux 246.
qui, comme les métaux parfaits, ont de la ductilité, mais qui ne sont fixes au feu que jusqu'à un certain point, passé lequel ils s'y alterent. Ils se combinent

avec l'oxygène, et se changent en une espece de terre appelée *oxyde métallique*. On compte quatre *métaux imparfaits*, savoir, le *cuivre*, le *fer*, l'*étain*, et le *plomb*.

PREMIERE ESPECE.

Du cuivre.

247. Le *cuivre* est un métal rouge ou de couleur orangée, et brillant dans l'endroit de la fracture. Il est le plus sonore de tous les métaux. Après le fer, il est le plus élastique. Après le fer et le platine, il est le plus dur, et le plus difficile à fondre. Sa ductilité approche de celle de l'étain : il peut être réduit en feuilles sous le laminoir, et en fils en passant par la filiere. Sa ténacité ne le cede qu'à celle du fer: elle est plus de 14 ½ fois aussi grande que celle du plomb. Lorsqu'il est frotté, il rend une odeur désagréable. Sa pesanteur spécifique, lorsqu'il est simplement fondu, est 77880;

et lorsqu'il a passé à la filiere, sa pesanteur est 88785.

Le *cuivre*, dans ses mines, se trouve quelquefois natif; quelquefois en feuillets, ayant du quartz pour gangue; d'autres fois en masses compactes, et même en assez gros morceaux. 248.

Lorsque le *cuivre* est minéralisé par le soufre, il forme la *mine jaune de cuivre*, qui est presque de couleur d'or. Sa pesanteur spécifique est 43154. Cette mine contient d'autant plus de cuivre, qu'elle est moins dure, et qu'elle fait moins de feu avec le briquet. 249.

Si le *cuivre* est minéralisé par l'arsenic, il forme la *mine de cuivre grise*. Elle est en effet d'un gris presque vitreux. Cette mine tient ordinairement de l'argent. 250.

Lorsque le *cuivre* est minéralisé par l'arsenic, le soufre, et l'antimoine, il forme la *mine de cuivre grise antimoniale*. Elle est, dit-on, plus difficile à exploiter que les autres. 251.

Les mines de *cuivre* se décomposent, 252.

et se réduisent quelquefois à l'état d'*oxydes*. Il en résulte ce que l'on appelle *verd de montagne*, *bleu de montagne*, *malachite*.

253. Le *verd de montagne*, qu'on appelle aussi *mine de cuivre soyeuse*, est composé de rayons très déliés, partant d'un centre et allant en divergence, et dont la couleur est d'un beau verd satiné. Sa pesanteur spécifique est 35718.

254. Le *bleu de montagne* est composé de stries déliées, dont la couleur est d'un très beau bleu de lapis ou pierre d'azur. Sa pesanteur spécifique est 36082.

255. La *malachite* est souvent veinée de verd clair et de verd foncé. Elle est susceptible de recevoir un assez beau poli. Sa pesanteur spécifique est 36412.

256. Il y a deux sortes de *cuivre* employées dans les arts, savoir, le *cuivre rouge*, qui est le cuivre pur, et le *cuivre jaune* ou *laiton*, qui est un alliage de trois parties de cuivre rouge très pur et d'une partie de zinc. Ce zinc change la couleur du cuivre en un beau jaune approchant de celui de l'or.

Le *cuivre rouge* est employé à faire la 257.
batterie de cuisine: elle est souvent dangereuse, parcequ'elle est attaquable par les sels et les acides qui entrent dans nos aliments, et peut ainsi nous faire prendre un poison lent. La batterie de cuisine de fer battu est préférable, parcequ'elle n'est d'aucun danger pour notre santé. Le *cuivre rouge* sert aussi à faire des marmites, des fontaines, des baignoires, des chaudieres, des tuyaux, etc.

Le *cuivre jaune* est employé dans tous 258.
les ouvrages d'ornements, parcequ'il reçoit très bien la dorure. La plupart de nos meubles en sont décorés. On fait aussi, du cuivre jaune, des statues, des bas-reliefs, etc. On l'emploie aussi au doublage des vaisseaux. Lorsqu'il n'est point doré, sa couleur est, à la longue, altérée par l'air; sa surface se couvre d'un enduit verdâtre très ténace. Cet enduit atteste l'antiquité des statues et des médailles qui en sont couvertes.

Le *cuivre* ne se fond que quelque 259.

temps après qu'il est rouge: si on le tient en fusion, il se volatilise en partie. Il est probable qu'il commence à se volatiliser avant d'être fondu; car, dès qu'il est mis sur les charbons, il donne à la flamme une teinte d'un bleu verdâtre. Le *cuivre* chauffé à l'air brûle à sa surface, et se change en un oxyde d'un rouge noirâtre.

260. L'acide sulfurique ne dissout le *cuivre* que lorsqu'il est concentré et très chaud: il se forme alors des crystaux bleus, de forme rhomboïdale, connus sous le nom de *sulfate de cuivre*, et ci-devant sous celui de *vitriol de Chypre*. Il a une saveur styptique très forte.

La chaux et la magnésie décomposent ce sulfate de cuivre: le précipité est d'un blanc bleuâtre, qui, séché à l'air, devient verd.

L'ammoniaque précipite aussi le cuivre de ce sulfate en bleu blanchâtre : mais ce précipité se dissout presque dans le moment qu'il se forme ; d'où il résulte une liqueur d'un bleu superbe, appelée *eau céleste*.

Le sulfate de cuivre est employé dans la teinture. Il contient, par quintal, 27 livres de cuivre, 30 livres d'acide, et 43 livres d'eau.

L'acide nitrique dissout le *cuivre* avec 261.
effervescence: la dissolution est bleue. Cet acide se décompose alors en oxydant le *cuivre ;* et il se dégage une grande quantité de gas nitreux. Si ce gas rencontre de l'air, il se combine avec son oxygène, et devient acide nitreux, très soluble dans l'eau. Lors donc qu'on veut obtenir ce gas, il faut affoiblir l'acide, et en remplir le flacon dans lequel on le met sur le cuivre, afin qu'il n'y reste pas d'air; sans quoi il y a absorption dans le moment, et l'eau de la cuve passe dans le flacon.

L'acide muriatique ne dissout le *cuivre* 262.
que lorsqu'il est concentré et bouillant : la dissolution est verte, et produit des crystaux prismatiques assez réguliers, lorsque la dissolution est lente. Leur couleur est d'un verd de pré agréable, et leur saveur est caustique et très astringente.

263. L'acide acéteux ne dissout pas le *cuivre*, parcequ'il ne contient pas assez d'oxygène pour oxyder d'abord le *cuivre*; car les métaux ne se dissolvent dans les acides qu'après qu'ils ont été préalablement oxydés. Cet acide ne fait donc que corroder le *cuivre*. Il en résulte le *verdet* ou *verd-de-gris*. C'est ce qui rend dangereuse la batterie de cuisine faite de *cuivre* (257). Le *cuivre*, en passant à l'état d'oxyde, augmente de poids d'une quantité égale à $\frac{58}{100}$ de son poids.

L'oxyde de cuivre, dissous dans l'acide acéteux ou vinaigre, forme un *acétate de cuivre* crystallisé, connu sous le nom de *crystaux de Vénus*, ou de *verdet crystallisé*.

L'acétate de cuivre est employé dans la peinture.

264. L'acide acétique ou *vinaigre radical* dissout le *cuivre*, même en etat de métal, parceque, tenant plus d'oxygène que n'en tient l'acide acéteux, il peut d'abord l'oxyder, et ensuite le dissoudre.

265. Le fer précipite le *cuivre* de ses disso-

lutions. Pour cela il suffit de plonger du fer dans la dissolution. L'acide se saisit du fer, et abandonne le *cuivre*, qui se précipite. Ce *cuivre* est connu sous le nom de *cuivre de cémentation.* C'est là le procédé qu'emploient les charlatans qui se vantent d'avoir trouvé le moyen de métamorphoser le fer en cuivre. On voit en quoi consiste cette métamorphose.

Le cuivre s'allie avec la plupart des métaux, et forme, avec l'arsenic, le *tombac blanc ;* 266.

avec le bismuth, un alliage d'un blanc rougeâtre ;

avec l'antimoine, un alliage violet ;

avec le zinc, par la fusion, le *similor*, ou *or de Manheim ;*

ou par la cémentation aveç la calamine, le *laiton.*

Avec le mercure, le *cuivre* n'est que blanchi.

Le *cuivre* allié à l'argent le rend plus fusible : on en fait les soudures pour l'argenterie. 267.

268. Le *cuivre* fondu avec l'étain forme le *bronze* ou *airain*. Cet alliage est d'autant plus cassant et d'autant plus sonore, qu'il contient plus d'étain. On en fait les cloches. Pour en faire des statues ou des canons, on y met moins d'étain, afin qu'il soit moins cassant.

DEUXIEME ESPECE.

Du fer.

269. Le *fer* est un métal d'un gris sombre, mais brillant dans l'endroit de la fracture, où l'on voit qu'il est composé de lames. Le *fer* est le plus dur et le plus élastique des métaux : il est en même temps le plus ductile des métaux imparfaits ; car on peut le passer à la filiere, et le réduire en fils, même très déliés, dont la ténacité ne le cede à celle d'aucun métal. Elle est près de 26 ½ fois aussi grande que celle du plomb. Le *fer* est presque aussi sonore que l'argent. Si l'on excepte le platine, le *fer* est de tous

tous les métaux le plus difficile à fondre; mais il se ramollit au feu, et on le travaille à son gré. Le *fer* est le seul corps qui soit attirable à l'aimant; il est aussi le seul qui puisse l'attirer.

Le *fer* est répandu par-tout, dans la 270.
terre, dans les végétaux, dans les animaux; mais on n'appelle *mines de fer* que les endroits où il est abondant. On trouve quelquefois le fer natif, mais rarement. Les mines de fer qui probablement en approchent le plus sont celles qui sont attirables à l'aimant: telles sont les suivantes.

La mine de fer écailleuse: ce ne 271.
sont que de petites écailles ou paillettes qu'on trouve dans presque toutes les rivieres auriferes. Elles sont presque toutes à l'état de métal, et très attirables à l'aimant.

La mine de fer lenticulaire: ce sont 272.
des grouppes de crystaux lenticulaires, brillants comme l'acier poli: ils sont un peu attirables à l'aimant. Sa pesanteur est 50116.

273. *La mine de fer spéculaire* ressemble à de l'acier poli et est aussi brillante : celle de l'isle d'Elbe est de ce genre. Elle est un peu attirable à l'aimant. Sa pesanteur est 52180.

274. *La mine de fer noire de Suede* est noirâtre. Elle passe pour la plus riche en métal de toutes les mines de fer; elle en contient environ 80 livres par quintal : aussi est-elle très attirable à l'aimant. Sa pesanteur est 46783.

275. La *mine de fer bleue de Suede* est d'un gris tirant sur le gros bleu : elle est bien attirable à l'aimant. Sa pesanteur est 48670.

276. L'*hématite striée* est une mine de fer qui est d'un rouge d'ochre à l'extérieur, et de couleur de fer à la fracture : elle est attirable à l'aimant. Sa pesanteur est 48983.

Je ne connois que ces six mines de fer qui soient attirables à l'aimant ; les suivantes ne le sont pas.

277. La *mine de fer cubique* : ce sont d'assez gros cubes, striés sur toutes les fa-

ces : il n'y a pas deux faces de suite qui aient les stries dans le même sens. Sa pesanteur est 35027.

La *mine de fer prismatique* est formée de prismes tétraèdres, coupés obliquement aux deux extrémités. Sa pesanteur est 73548. 278.

La *mine de fer octaèdre* est composée de petits crystaux octaèdres, isolés et dispersés dans une gangue de schiste ou de pierre calcaire. Ses crystaux sont d'un gris noirâtre. Leur pesanteur est 49394. 279.

La *mine de fer grise de Suede* est d'un gris foncé. Elle n'a aucune action sur l'aimant, comme en ont les mines du même pays dont nous avons parlé ci-dessus. Sa pesanteur est 46770. 280.

La *mine de fer spathique :* dans cette mine, le *fer* est combiné avec l'acide carbonique : c'est un vrai carbonate de fer. Cette mine est d'un blanc sale et jaunâtre ; elle a le brillant du spath étincelant ou feld-spath : c'est cette apparence de ressemblance avec le spath 281.

qui lui a fait donner le nom de *spathique.* Sa pesanteur est 36720.

282. La *mine de fer sulfureuse* est composée de *fer* uni et combiné avec le soufre. C'est un sulfure de fer, connu sous le nom de *pyrite martiale.* Ces sulfures sont très abondants : on trouve beaucoup de bois fossiles incrustés de ces pyrites. Les charbons de terre qui effleurissent à l'air doivent cette efflorescence à la pyrite dont ils sont pénétrés.

C'est à la décomposition de ces pyrites qu'on attribue la chaleur de presque toutes les eaux minérales. C'est encore au mélange de ces sulfures avec les débris des végétaux qu'on attribue l'embrasement des feux souterreins.

La décomposition à l'air de ces sulfures ou pyrites occasionne souvent la formation de l'acide sulfurique, qui agit alors sur le fer, qui le dissout, et forme une efflorescence à sa surface. On profite de cette propriété de la pyrite pour établir des fabriques de *sulfate de fer*, ou *vitriol de fer*, ou *couperose verte.* Ce sulfate, réduit en poudre par le feu dans un creuset, et mêlé avec la noix de galle pulvérisée, forme une encre seche et portative. Ce même sulfate, poussé à un feu plus fort, laisse échapper son acide; il ne reste plus qu'un oxyde métallique, appelé *colcotar.*

C'est encore à la décomposition de ces pyrites ou sulfures qu'on attribue la formation des *ochres.* Il y en a de rouges, dont on fait des crayons.

La *mine de fer hépatique* est formée 283.
par la décomposition de la *pyrite martiale* (282) dont le soufre s'est dissipé, la pyrite gardant sa forme. Sa pesanteur est 34771.

L'*hématite terreuse* est une mine de 284.
fer qui est d'un assez beau rouge. C'est un oxyde de fer assez pur, dont la couleur varie depuis le jaune jusqu'au rouge foncé, suivant les divers degrés d'altération de l'oxyde. Cette *hématite* n'est point attirable à l'aimant, comme l'est l'*hématite striée* (276): on la taille en crayons, et on l'emploie à brunir l'or

et l'argent. Sa pesanteur est 35731.

285. La *pierre d'aigle* ou *aetite* est une sorte de mine de fer : ce sont des géodes rondes ou ovales, dont l'écorce est dure, et qui renferment dans leur cavité un corps détaché. Quand on secoue une géode, on s'apperçoit de l'existence de ce corps par le bruit qu'il fait.

286. Le *plombagine* est encore une sorte de mine de fer ; c'est un vrai *carbure de fer*, car c'est du *fer* combiné avec une substance charbonneuse : aussi est-il vraiment combustible.

Le *plombagine* est luisant, d'un bleu noirâtre, et gras au toucher : il tache les mains, et laisse sur le papier un trait noirâtre ; c'est pourquoi on l'emploie à faire des crayons noirs. Le meilleur est celui d'Angleterre ; la mine la plus abondante est dans le duché de Cumberland.

Le *plombagine* est propre à garantir le *fer* de la rouille ; aussi en frotte-t-on les poëles de fonte, les plaques de cheminées, etc. On en couvre aussi les cuirs à repasser les rasoirs.

L'*aimant* doit être placé au rang des mines de fer, parcequ'il en est réellement une, puisqu'il contient toujours une certaine quantité de ce métal. Mais qu'est-ce qui est uni au *fer*, dans cette mine, pour en faire un aimant? c'est ce qu'on ignore. La pesanteur de celui qui vient des Indes est 42437. 287.

Lorsqu'on a fait fondre le minerai de *fer* dans les hauts fourneaux, on le fait couler dans une espece de canal creusé dans le sable. Ce premier produit se nomme *fonte de fer* ou *de gueuse*. Il est très cassant dans cet état: on en forme, en le coulant dans des moules, des poëles, des plaques de cheminées, des marmites, des chaudieres, des tuyaux, etc. qu'on n'obtiendroit qu'à grands frais en les faisant de *fer forgé* (289). 288.

Pour rendre la *gueuse* ductile, on la fond, on la pêtrit dans le creuset; ensuite on la porte sous le martinet; après quoi on la forge en barres quarrées ou plates: cela donne ce qu'on appelle *fer* 289.

forgé, dont la pesanteur est 77880, tandis que celle de la *fonte de fer* (288) n'est que de 72070.

290. Le *fer* peut prendre un troisieme état, qui est celui d'acier. On le convertit en *acier*, en le faisant chauffer en contact avec des matieres charbonneuses, dont il se pénetre.

291. Voilà donc trois états que peut recevoir le *fer*, savoir, l'état de *fer de fonte*, celui de *fer forgé*, et celui d'*acier*.

292. Le *fer de fonte* est pénétré d'une trop grande quantité de matieres charbonneuses; c'est de l'acier trop acier: aussi est-il très cassant, et point du tout malléable.

293. Le *fer forgé* est du fer purifié de toutes substances étrangeres. Il est très malléable, sur-tout lorsqu'il est chaud, et l'on peut alors lui faire prendre telle forme que l'on veut.

294. L'*acier* est un *fer* pénétré, par la cémentation, de la quantité de matieres charbonneuses nécessaire aux usages auxquels il est destiné. Il tient le milieu

entre le *fer de fonte* et le *fer forgé*. L'*acier*, dans cet état, est assez malléable à chaud. Il est plus dense que le *fer forgé*, parcequ'il y a pénétration de la substance charbonneuse. Sa pesanteur est 78331. Mais il n'est guere plus dur que le *fer forgé*. Pour lui donner la dureté dont on a besoin, on le trempe; c'est à-dire qu'après l'avoir fait rougir plus ou moins, selon qu'on veut lui donner plus ou moins de dureté, on le refroidit subitement en le plongeant dans l'eau froide. La *trempe* le rend plus dur, plus élastique, et plus cassant : elle diminue un peu sa pesanteur spécifique, car il augmente de volume : sa pesanteur, après la *trempe*, n'est donc que 78163. La trempe rend aussi son grain plus gros ; car le mélange et la pénétration sont moindres. Par-là chaque grain est plus difficile à détacher de ses voisins, parcequ'étant plus gros il les touche par de plus grandes surfaces : il est aussi plus difficile à entamer, parcequ'il est composé de parties plus analogues. C'est là ce qui rend l'*acier* plus dur. La liaison de l'ensemble étant moindre, puisque le mélange n'est pas si parfait après la *trempe*, cela rend l'*acier* plus cassant.

Bergmann a donné l'analyse des trois différents états du *fer* (291); il en a dressé le tableau suivant: sur 100 parties, il y en a dans

	Le Fer de Fonte.	Le Fer forgé.	L'Acier.
Fer,	80,30	84,450	83,65
Plombagine,	2,20	0,120	0,50
Manganèse,	15,25	15,250	15,25
Terre silicée,	2,25	0,175	0,60

295. L'action de l'air et de l'eau sur le *fer forgé* (293) constitue un *oxyde martial*, connu sous le nom de *safran de Mars apéritif*. C'est un vrai carbonate de fer.

296. Si l'on met de la limaille de fer dans l'eau, et qu'on l'agite, il en résulte une poudre noire, qui est un oxyde de fer, connu sous le nom d'*éthiops martial de Lemery*.

297. Les acides ont tous sur le *fer* une

action plus ou moins marquée. L'acide sulfurique, étendu d'eau, produit sur le *fer* une vive effervescence : l'eau se décompose ; son oxygène oxyde le *fer*, et son hydrogène passe sous forme gaseuse. L'acide dissout alors le *fer* ainsi oxydé, sans rien perdre, et sans changer de nature. C'est par ce procédé qu'on extrait le gas hydrogène.

L'acide nitrique se décompose rapi- 298.
dement sur le *fer:* l'oxygène qui l'acidifioit oxyde le fer, qui ensuite se dissout; et le reste passe en gas nitreux. La dissolution est d'un rouge brun. C'est par ce procédé qu'on extrait le gas nitreux.

L'acide muriatique, affoibli avec de 299.
l'eau, attaque le *fer* avec véhémence ; l'eau se décompose ; son oxygène oxyde le métal, qui est ensuite dissous par l'acide, lequel n'a rien perdu ; et son hydrogène passe sous la forme de gas. Le *fer*, en passant à l'état d'oxyde, augmente de poids d'une quantité égale à $\frac{70}{100}$ de son poids.

300. L'acide végétal ou du vinaigre dissout le *fer* avec facilité.

301. Le tartrite acidule de potasse, appelé *crême de tartre*, dissout aussi le *fer*. Les divers degrés de rapprochement de cette dissolution forment, 1°. le *tartrite de potasse ferrugineux*, ou *tartre martial soluble ;* 2°. l'*extrait de Mars apéritif ;* 3°. les *boules de Nancy*.

302. L'acide gallique dissout le *fer*. C'est cette dissolution qui forme la base de l'encre.

303. L'acide prussique dissout le *fer*, et forme le *prussiate de fer* ou *bleu de Prusse*. Le *bleu de Prusse* s'enflamme plus aisément que le soufre, et détonne fortement avec le muriate oxygéné de potasse. L'ammoniaque, chauffé sur le *bleu de Prusse*, s'empare de sa matiere colorante. Les alkalis fixes purs décolorent aussi, même à froid et sur-le-champ, le *bleu de Prusse* ; et ils sont, pour cela, préférables aux carbonates d'alkali.

304. Le *fer* peut s'allier avec plusieurs substances métalliques ; mais son alliage

le seul en usage dans les arts est avec l'étain pour former le *fer-blanc*.

Un mélange de limaille d'*acier* et de soufre, humecté d'eau, s'échauffe en peu d'heures : l'eau se décompose ; son oxygène rouille le *fer*, et convertit le soufre en acide ; et son hydrogène s'échappe sous la forme de gas. La chaleur devient quelquefois assez grande pour embraser le mélange : c'est le *volcan de Lemery*. 305.

L'usage du *fer* et de l'*acier*, dans le commerce et dans les arts, est si étendu et si fréquent que personne ne l'ignore. 306.

TROISIEME ESPECE.

De l'étain.

L'*étain* est d'une couleur qui approche de celle de l'argent, mais qui est un peu plus sombre. Il n'est pas très ductile, cependant il est susceptible d'être réduit en lames très minces. Il est, après le plomb, le moins dur et le moins élastique de tous les métaux : 307.

sa ténacité ne surpasse aussi que celle du plomb; elle est égale à 1 $\frac{2}{3}$ fois celle du plomb. Il est moins sonore que le cuivre, l'argent, et le fer. Il est le plus léger des métaux, si l'on en excepte le fer de fonte: sa pesanteur spécifique est 72914. Il est aussi celui de tous les métaux qui fond le plus aisément, et long-temps avant de rougir. Il se laisse plier assez aisément, et fait alors entendre un petit bruit appelé *le cri de l'étain:* il est le seul métal qui ait cette propriété.

308. Quelques chymistes prétendent qu'on trouve quelquefois l'*étain* à l'état natif; mais cela est fort rare. Il est le plus souvent minéralisé par le fer, et quelquefois par le soufre. Ses mines sont ou rouges, ou noires, ou blanches.

309. La *mine d'étain rouge* est composée de crystaux d'un rouge de grenat, et qui ont une sorte de transparence. Elle se présente ordinairement en polyèdres irréguliers. Dans cette mine, l'étain est minéralisé par le fer. Sa pesanteur spécifique est 69348.

La *mine d'étain noire* ne paroît différer de la précédente qu'en ce qu'elle est noire, et tout-à-fait opaque : sans doute qu'elle tient une plus grande quantité de fer. Sa pesanteur spécifique n'est cependant que 69009. 310.

La *mine d'étain blanche* crystallise en octaèdres. Son tissu est lamelleux : elle renferme souvent des portions de la mine d'étain rouge. Celle de Cornouailles a produit à *Sage* 64 livres d'étain par quintal. 311.

Bergmann prétend avoir trouvé de l'*étain* sulfureux parmi des minéraux qui venoient de Sibérie. Il dit que cette mine ressembloit, à l'extérieur, à de l'or massif, mais qu'à l'intérieur elle offroit une masse en crystaux rayonnés, blanche, brillante, et fragile, et prenant à l'air des couleurs changeantes. 312.

Lorsqu'on tient l'*étain* en fusion pendant quelque temps exposé à l'action de l'air, sa surface se ride, et se couvre d'une pellicule grise, qui est un oxyde d'étain. Si l'on enleve cette premiere couche, on 313.

découvre l'étain avec tout son brillant; mais il perd bientôt cet éclat, et s'oxyde de nouveau: en continuant de le chauffer, on pourroit oxyder ainsi la totalité. C'est cet oxyde, qu'on appelle *potée d'étain*, que les fondeurs qui courent les campagnes appellent *crasses de l'étain.* Ils ont grand soin d'enlever souvent cette pellicule grise, pour *décrasser*, disent-ils, le métal; et ils ne rendent au paysan que ce qu'ils ne lui ont pas ainsi volé. Ils savent très bien fondre ces prétendues *crasses* à travers les charbons, et en retirer de bon *étain.*

Lorsque l'oxyde est blanc, il sert à rendre le verre opaque; ce qui forme l'émail.

L'*étain*, en passant à l'état d'oxyde, augmente de poids d'une quantité égale à $\frac{30}{100}$ de son poids.

314. L'acide sulfurique dissout l'*étain* à l'aide de la chaleur; mais une partie de l'acide s'échappe sous la forme de gas acide sulfureux. L'acide sulfurique dissout beaucoup mieux l'*étain déja oxydé.*

L'eau

L'eau seule est capable de précipiter ce métal oxydé.

L'acide nitrique oxyde l'*étain* sur-le-champ en le corrodant ; et l'on voit tout de suite le métal se précipiter en oxyde blanc. Il se dégage alors beaucoup de gas nitreux. Si l'on charge l'acide nitrique de tout l'étain qu'il peut oxyder, et qu'on lave cet oxyde avec beaucoup d'eau distillée, l'évaporation fournit un sel qui détonne seul dans un creuset bien chauffé, et qui brûle avec une flamme blanche et épaisse comme celle du phosphore. 315.

L'acide muriatique dissout l'*étain* à froid et à chaud. Il se dégage, pendant l'effervescence, un gas très fétide. La dissolution est jaunâtre, et fournit, par l'évaporation, des crystaux en aiguilles qui attirent l'humidité de l'air. 316.

L'acide nitro-muriatique et le muriate oxygéné, qu'on peut regarder comme le même dissolvant, dissolvent l'*étain* très promptement : il s'excite alors une chaleur violente. Les meilleures proportions, 317.

pour faire un bon dissolvant de l'*étain*, sont deux parties d'acide nitrique et une partie d'acide muriatique.

318. L'*étain* du commerce est allié avec divers métaux. L'ordonnance permet d'y mêler un peu de cuivre et de bismuth : le cuivre lui donne la dureté ; le bismuth fait reparoître son brillant altéré par le cuivre, et il le rend plus sonore. Les *potiers d'étain* se permettent d'y mêler de l'antimoine, du zinc, et du plomb, et quelquefois de l'arsenic, mais en très petite dose. L'antimoine le durcit, le zinc le blanchit, et le plomb le détériore.

319. Il est des circonstances où il est intéressant de se procurer de l'*étain pur*. *Bayen* et *Charlard* ont donné les moyens de reconnoître les métaux qui lui sont mêlés.

Si l'*étain* contient de l'arsenic, sa dissolution par l'acide muriatique fait voir une poudre noire, qui est l'arsenic séparé de l'*étain*.

Si l'*étain* contient du cuivre, l'acide

muriatique froid précipite le cuivre en poudre grise: le cuivre est aussi précipité par une lame d'étain qu'on plonge dans la dissolution.

Le bismuth se reconnoît par le même procédé que le cuivre.

Si l'*étain* tient du plomb, on le reconnoît par l'acide nitrique, qui dissout le plomb, et ne fait que corroder l'*étain*. Ce dernier alliage est le plus dangereux, parceque les potiers l'emploient à une très forte dose.

La combinaison de l'*étain* avec le sou- 320.
fre forme l'*aurum musivum*, qui est un amalgame électrique. La combinaison de l'*étain*, du zinc, et du mercure, forme encore un autre amalgame qu'on doit à *Inghen-Housen*.

Pour former le premier de ces amalgames, on emploie quatre substances, savoir, de l'étain, du mercure, du soufre, et du muriate d'ammoniaque, dont on peut mettre parties égales de chacun. On commence par amalgamer l'étain au mercure; l'on y ajoute ensuite le soufre et le muriate d'ammoniaque; et, lorsque le mélange est bien fait, on l'introduit dans une cornue ou un matras de verre, et l'on procede à la distillation, pendant laquelle il se dégage une grande quantité de vapeurs dues au muriate d'ammoniaque et au mercure qui s'évaporent. Lorsqu'il ne se dégage plus de vapeurs, l'opération est finie; ce qui reste dans la cornue est l'*aurum musivum*.

Pour former l'amalgame d'*Inghen-Housen*, on fait fondre dans un creuset huit onces d'étain et huit onces de zinc; et lorsque la fusion est complete, et le mélange bien fait, on retire le creuset du feu, et l'on ajoute à ce mélange une livre de mercure; on remue le tout avec soin pour le bien amalgamer; on le met ensuite dans un mortier de fer, et on le triture jusqu'à ce qu'il soit réduit en une poudre noire très fine.

321. L'*étain* sert à étamer les glaces et la batterie de cuisine; mais il faut qu'il soit pur. Les chauderonniers y mettent souvent du plomb; ce qui rend l'éta-

mage dangereux : il y a donc alors, non seulement le danger du cuivre, mais encore celui de l'étamage. Ils ne peuvent pas mettre du plomb pour la batterie de cuisine de fer battu, parceque l'étamage n'y prendroit pas bien. Il est bien étonnant qu'on n'abandonne pas le cuivre, pour y substituer le fer, qui n'a rien de dangereux ni en lui-même ni dans son étamage.

L'*étain* allié au cuivre forme l'*airain*. 322.

Trois parties d'*étain*, sept de bis- 323.
muth, et cinq de plomb, forment un alliage qui se liquéfie dans l'eau bouillante.

QUATRIEME ESPECE.

Du plomb.

Le *plomb* est d'une couleur plus som- 324.
bre que celle de l'étain, et tirant un peu sur le gris-bleu. Cette couleur se ternit aisément à l'air. Il est de tous les métaux le moins ductile, le moins dur, le moins élastique, et le moins sonore :

il est aussi celui de tous qui a le moins de ténacité. Après l'étain, c'est celui de tous les métaux qui fond à une moindre chaleur, et long-temps avant de rougir. Après le platine et l'or, il est le plus pesant des métaux: sa pesanteur spécifique est 113523.

325. Quelques auteurs prétendent qu'on trouve quelquefois le *plomb* à l'état natif.

326. Le *plomb* est ordinairement minéralisé par le soufre; et ce minerai est connu sous le nom de *galène*. Il crystallise ordinairement en cube. On n'exploite que les mines de cette espece: elles tiennent presque toujours de l'argent. Celle qui est à petits grains en contient plus que les autres, et on l'exploite souvent comme *mine de plomb* tenant argent. Sa pesanteur spécifique est 75873.

327. Lorsque le *plomb* est minéralisé par l'acide sulfurique, cela forme la *mine de plomb noire*, qui est presque toujours crystallisée. Elle effleurit à l'air, et

fournit du sulfate de plomb. Sa pesanteur spécifique est 57445.

Lorsque le *plomb* est minéralisé par l'acide carbonique, cela forme des crystaux blancs et opaques, appelés *mine de plomb blanche*, qui, à la distillation, fournit de l'acide carbonique. La pesanteur spécifique de cette mine est 40586. Il s'en trouve dont les crystaux sont presque parfaitement transparents, et ressemblent un peu à du flint-glass: on leur donne le nom de *mine de plomb blanche vitreuse*. Il s'en trouve en Angleterre et en Sibérie. La pesanteur spécifique de cette mine est 65585, beaucoup plus grande que celle de la mine opaque. 328.

La *mine de plomb verte* est composée de crystaux d'un verd tirant un peu sur le jaune: elle ne diffère de la précédente que par le principe colorant, que les chymistes disent être dû au fer. Sa pesanteur spécifique est 58600. 329.

On trouve encore en Sibérie une *mine de plomb rouge*, dont les crystaux sont 330.

des prismes tétraèdres rhomboïdaux d'un assez beau rouge. *Sage* pense que cette mine est aussi colorée par du fer. Sa pesanteur spécifique est 60269.

531. Lorsqu'on tient quelque temps le *plomb* en fusion, il se recouvre d'un oxyde gris. Cet oxyde, poussé à un feu plus violent, devient jaune, et s'appelle *massicot*. Cet oxyde jaune peut être porté à l'état d'oxyde rouge, appelé *minium*. Pour cela on fait tomber le massicot du fourneau à terre, et l'on jette de l'eau dessus pour le refroidir; ensuite on le passe au moulin, où on le réduit en poudre très fine; on le lave dans l'eau; on l'étend sur l'aire du fourneau où on le calcine: c'est là qu'il prend la couleur rouge: enfin on le passe dans des tamis de fer très fins, posés sur des tonneaux où l'on reçoit le *minium*. Le *plomb*, en passant à l'état d'oxyde, augmente de poids d'une quantité égale à $\frac{10}{100}$ de son poids.

532. Ces *oxydes de plomb* se vitrifient aisément, mais à un feu violent. On les emploie dans les verreries: ils facilitent

la fonte; ils rendent le verre plus pesant, plus doux, et plus susceptible d'être taillé et poli. Ils entrent dans la composition du flint-glass, et de l'espece de verre que nous appelons *crystal*.

Si l'on fond ces oxydes avec des corps charbonneux, le plomb se revivifie.

La *litharge* n'est que du *plomb oxydé*. Il y en a de jaune et de blanche: la premiere est appelée *litharge d'or*, et la seconde *litharge d'argent*, quoique, ni dans l'une ni dans l'autre, il n'y ait ni or ni argent. 333.

Si l'on fait bouillir de l'acide sulfurique sur du *plomb*, une bonne partie du *plomb* est oxydée par une partie de l'oxygène de l'acide; une autre partie du *plomb* est dissoute, et forme du *sulfate de plomb*. Il reste un acide sulfureux. 334.

L'acide nitrique concentré convertit le *plomb* en oxyde blanc; mais si l'acide est foible, il dissout le *plomb*, et forme des crystaux d'un blanc mat. 335.

L'acide muriatique, aidé de la chaleur, 336.

oxyde une partie du *plomb* sur lequel il agit, et en dissout une autre. Le même acide décompose sur-le-champ la litharge, en excitant une chaleur assez forte. Cette dissolution fournit de beaux crystaux octaèdres d'un blanc mat, d'une saveur styptique, et d'une grande pesanteur.

L'affinité de l'acide muriatique avec les *oxydes de plomb* est si grande, que ces oxydes décomposent toutes les combinaisons de cet acide. Ils décomposent le muriate de soude ou sel marin, le muriate d'ammoniaque, etc., et en séparent les alkalis en formant des muriates de plomb.

Les muriates de plomb, calcinés ou fondus, donnent une superbe couleur jaune, qui peut remplacer le beau jaune de Naples.

337. L'acide acéteux corrode le *plomb;* et il en résulte un oxyde blanc, connu sous le nom de *blanc de plomb.* Il seroit très propre à noircir un cheval blanc. Aussi les marchands de chevaux en font-ils

usage pour noircir les poils qui deviennent blancs aux chevaux noirs dans les endroits où ils ont été blessés.

La *céruse* ne differe du *blanc de plomb* qu'en ce qu'elle est altérée par son mélange avec plus ou moins de craie.

Tous les *oxydes de plomb* sont solu- 338.
bles dans le vinaigre, et forment l'acétite de plomb, connu sous le nom de *sel* ou *sucre de Saturne.*

Les usages du *plomb* sont très mul- 339.
tipliés dans les arts : on en fait des tuyaux de conduite, des chaudieres, etc. On l'emploie à doubler des caisses, des bassins, à couvrir des maisons : il est vrai que si le feu y prend, on court risque de se trouver exposé à une pluie de plomb fondu. On l'emploie encore à faire des balles et du plomb pour la chasse.

Les chauderonniers infideles le font 340.
entrer dans l'étamage de la batterie de cuisine ; ce qui est très pernicieux, et ce qui mériteroit d'être puni.

On emploie la *litharge* pour adoucir 341.

les vins aigris : les marchands de vins qui en font usage mériteroient la corde, car ce sont des empoisonneurs.

342. Le *blanc de plomb* et la *céruse* sont employés dans la peinture. Ces oxydes ne sont pas sensiblement altérés par leur mélange avec l'huile. Les ouvriers qui broient ces couleurs sont tôt ou tard affectés de la maladie connue sous le nom de *colique des plombiers* ou *des peintres.*

ORDRE II.

Des demi-métaux.

On apelle *demi-métaux* les substances métalliques qui n'ont point ou presque point de ductilité, qui, comme les métaux imparfaits, manquent de fixité au feu. De même que les métaux, ils ont beaucoup de pesanteur; ils entrent en fusion par la chaleur; ils acquierent alors de l'éclat; ils se durcissent ensuite par le refroidissement en prenant une surface convexe: mais ce qui les distingue des métaux, ils ne sont que peu ou point du tout malléables; et la plupart se subliment ou se réduisent en vapeurs, lorsqu'on les expose à l'action du feu. 343.

On connoît onze *demi-métaux*, savoir, le *mercure*, *le bismuth*, le *cobalt*, le *nickel*, le *zinc*, l'*antimoine*, le *tungstène*, l'*arsenic*, le *manganese*, le *molybdène*, et le *titane*. 344.

PREMIERE ESPECE.

Du mercure.

345. Le *mercure* differe de toutes les autres substances métalliques, en ce qu'à la température que nous éprouvons sur la terre il est toujours fluide et coulant, en ce qu'il se divise par le moindre effort en un nombre indéfini de particules qui prennent toujours une forme sphérique. Pour conserver sa fluidité, il n'a besoin que d'un degré de chaleur très petit, qui, pour nous, seroit un très grand froid ; et dans lequel il nous seroit difficile de vivre ; car, pour devenir solide, il lui faut le degré marqué par 32 au-dessous de zéro du thermometre de *Réaumur*, lequel répond à environ 35, 85 degrés au-dessous de zéro du thermometre ordinaire de mercure, divisé en 80, depuis la glace jusqu'à l'eau bouillante, et à environ 44, 8 degrés au-dessous de zéro du thermometre centigrade.

Le *mercure* est opaque, et d'une couleur éclatante comme celle de l'argent poli. Exposé à l'action du feu, il ne se calcine ni ne se vitrifie; car, quoiqu'il prenne une couleur noirâtre à un feu modéré, quoiqu'il devienne rougeâtre à un feu plus fort, quoique, dans la distillation, il paroisse sous la forme d'une vapeur ou fumée blanchâtre, on peut cependant très aisément, par le moyen du feu, et sans le secours d'aucune addition, lui rendre sa première forme et sa couleur argentine. Aussi quelques auteurs ont-ils prétendu qu'on pourroit le ranger parmi les métaux parfaits. Après le platine et l'or, le *mercure* est le plus pesant des métaux. Sa pesanteur spécifique est 135681. 346.

Le *mercure* se trouve en terre souvent natif; et il s'appelle alors *mercure vierge*. On le rencontre tel dans presque toutes les mines de ce métal. 347.

On le trouve quelquefois en *oxyde solide* d'un rouge brun, qui se réduit, et redevient *mercure coulant*, par la 348.

simple chaleur, en fournissant du gas oxygène. *Sage* a obtenu de cette mine 91 livres de *mercure* par quintal.

349. On le trouve quelquefois combiné avec l'acide muriatique, formant du *muriate de mercure*, qu'on peut appeler *mercure corné*. *Sage* en a retiré 86 livres de *mercure* par quintal.

350. Le *mercure* est quelquefois naturellement amalgamé avec d'autres métaux, tels que l'or, l'argent, le cuivre, etc.

351. Mais le *mercure* est ordinairement minéralisé par le soufre: il en résulte ou de l'*éthiops* ou du *cinabre;* de l'*éthiops*, si la couleur en est noire; du *cinabre*, si elle est rouge. On peut faire artificiellement l'un et l'autre, en combinant le soufre au *mercure*.

352. Le *cinabre* est presque toujours en masse plus ou moins compacte, dont la couleur varie depuis le noir foncé jusqu'au rouge vif. Quand il est de cette derniere couleur, on le nomme *vermillon*. Les mines de *cinabre* les plus renommées en Europe sont celles du Palatinat,

latinat, et celles d'*Almaden* en Espagne. La pesanteur spécifique du cinabre d'Almaden est, lorsqu'il est brun, 102185; et lorsqu'il est rouge, elle est 69022.

Le *mercure* se volatilise à une chaleur 353.
médiocre. Il seroit dangereux de s'opposer à sa volatilisation, car il pourroit occasionner une violente explosion.

Le *mercure* bout comme les liqueurs, 354.
parceque, comme elles, il se réduit en vapeurs dans les endroits les plus exposés au feu ; au lieu que les autres métaux ne s'évaporent qu'à leur surface : voilà pourquoi ils ne bouillent pas ; mais ils bouilliroient si on introduisoit au-dessous d'eux quelque substance capable de se réduire en vapeur.

Le *mercure*, quoiqu'on le distille un 355.
très grand nombre de fois, n'éprouve aucun changement ; seulement il se forme un peu de poudre grise, qu'il suffit de broyer pour la faire couler.

Le *mercure*, par l'action de l'air ai- 356.
dée d'une chaleur capable de le faire bouillir, perd peu-à-peu sa fluidité, et

forme au bout de quelques mois un oxyde rouge : c'est ce que l'on nomme *mercure précipité per se.* Cet oxyde se revivifie par la simple chaleur, en fournissant du gas oxygene : une once de *mercure* ainsi oxydé en peut fournir près de deux pintes. Car 100 livres de *mercure* peuvent prendre environ huit livres d'oxygène, qui peuvent former 3072 pintes ou 147456 pouces cubes de gas. Une once en peut donc prendre pour en former 92,16 pouces cubes.

357. L'acide sulfurique n'agit sur le *mercure* qu'à l'aide de la chaleur. Il se dégage alors du gas acide sulfureux ; et il se précipite un oxyde blanc. Cet oxyde pese $\frac{1}{3}$ plus que le mercure employé. Si l'on verse de l'eau chaude sur cet oxyde blanc, il devient jaune : il est connu sous le nom de *précipité jaune*, ou *turbith minéral.*

358. L'acide nitrique dissout le *mercure*, même à froid, et avec violence. Il se dégage alors une grande quantité de gas nitreux, parceque, pour que l'acide

dissolve un métal, il est nécessaire qu'il le réduise à l'état d'oxyde. Une partie de l'acide est donc employée à oxyder le métal, c'est celle-ci qui fournit le gas nitreux; et l'autre partie de l'acide dissout le métal à mesure qu'il est oxydé. Ce qui reste est un *nitrate de mercure*, qui est corrosif. Lorsque ce nitrate est bien sec, il détonne sur les charbons, et donne une flamme blanchâtre. Ce nitrate, chauffé dans un creuset, se fond, en laissant échapper une grande quantité de gas nitreux, et son eau de crystallisation. L'oxyde qui reste devient jaune; il prend ensuite un rouge vif: c'est ce qu'on appelle le *mercure précipité rouge*.

Les alkalis, les terres, et quelques métaux précipitent le *mercure* de sa dissolution dans l'acide nitrique. Tous ces précipités sont des *oxydes de mercure* plus ou moins parfaits.

L'acide muriatique n'agit pas sensible- 359.
ment sur le *mercure*; cependant si on le fait digérer long-temps sur le métal,

il l'oxyde, et il dissout ensuite cet oxyde: car l'acide muriatique dissout complètement les *oxydes mercuriels ;* d'où il résulte des muriates de mercure. Si ces muriates sont peu chargés d'oxygène, ils forment le muriate de mercure doux, appelé simplement *mercure doux.* Si ces muriates sont saturés d'oxygène, il en résulte du muriate de mercure oxygéné, connu sous le nom de *mercure sublimé corrosif.* Aussi obtient-on de superbe mercure sublimé corrosif en faisant dissoudre le *mercure* par le muriate oxygéné.

Le mercure sublimé corrosif est soluble dans l'eau; le mercure doux y est insoluble : cela fournit un moyen de les séparer quand ils sont mêlés.

360. On a quelquefois besoin d'un *mercure* parfaitement pur : pour cela il faut le revivifier du cinabre. On l'obtient en mêlant trois parties de cinabre avec deux parties de limaille d'acier, et l'on distille. Il passe alors du mercure très pur, connu sous le nom de *mercure revivifié du cinabre.*

Le *mercure* s'amalgame avec presque tous les métaux : c'est sur cette propriété que sont fondés les arts des doreurs sur métaux, de l'étamage des glaces, de l'exploitation des mines d'or et d'argent, etc. 361.

Le *mercure* mêlé à la graisse fait l'*onguent gris*, très usité contre les maladies vénériennes. 362.

Le *mercure* est employé avec avantage aux instruments météorologiques : 1°. il se gele difficilement ; 2°. il est assez également dilatable ; 3°. on peut l'avoir toujours d'égale qualité en employant celui qui est revivifié du cinabre. 363.

DEUXIEME ESPECE.

Du bismuth.

Le *bismuth* est d'un blanc jaunâtre. Il est aigre et cassant, et se brise aisément sous le marteau. Sa contexture intérieure paroît composée de cubes formés par un assemblage de feuillets ou 364.

de lames. Il est de tous les demi-métaux le plus aisé à fondre : il entre en fusion long-temps avant de rougir, et à un feu modéré. En se fondant il répand de la fumée : il ne se volatilise cependant point au feu. Après le mercure, il est le plus pesant des demi-métaux : sa pesanteur spécifique est 98227.

365. Le *bismuth* se trouve, ou natif, ou minéralisé par le soufre ou par l'arsenic.

366. Le *bismuth* natif est quelquefois crystallisé en cubes : on en trouve aussi en masses mamelonnées, comme les stalactites. Sa pesanteur spécifique est 90202.

367. La *mine de bismuth sulfureuse* est d'un gris bleuâtre, et à-peu-près de la couleur du plomb, et, comme lui, salissant les doigts. Elle a souvent le tissu lamelleux de la galène à grandes facettes: D'autres fois elle est compacte, d'une couleur obscure, et parsemée de petits points brillants. Sa pesanteur spécifique est 64672.

368. La *mine de bismuth arsenicale*, ap-

pelée *bismuth en plumes*, est d'un gris blanchâtre et brillant, quelquefois mêlé de rougeâtre. Sa pesanteur spécifique est 43711.

Le *bismuth*, chauffé jusqu'à rougir, brûle avec une flamme bleue peu sensible ; il s'en éleve une fumée jaunâtre, qui, lorsqu'elle est condensée, forme ce que l'on appelle *fleurs de bismuth*. Le *bismuth*, en passant à l'état d'oxyde, augmente de poids d'une quantité égale à $\frac{25}{100}$ de son poids. 369.

L'acide sulfurique que l'on fait bouillir sur le *bismuth* le dissout en partie, et forme du *sulfate de bismuth*. Mais comme une partie de l'oxygène de l'acide a été employée d'abord à oxyder le métal avant de le dissoudre, cette portion de l'acide, qui a perdu une partie de son oxygène, s'échappe sous la forme de gas acide sulfureux. Ce *sulfate de bismuth* est très déliquescent, et ne se crystallise point. 370.

L'acide nitrique oxyde promptement le *bismuth*, et il se dégage du gas nitreux. 371.

Il y a cependant une portion du métal dissoute, qui peut former un sel nitreux qui crystallise en prismes tétraèdres rhomboïdaux, terminés par une pyramide tétraèdre à faces inégales. Ce *nitrate de bismuth* détonne foiblement, et par scintillations rougeâtres. Ce sel, exposé à l'air, perd son eau de crystallisation, et en même temps sa transparence.

372. L'acide muriatique n'agit que très lentement sur le *bismuth*, encore faut-il qu'il soit très concentré. Il résulte de là un *muriate de bismuth*, qui crystallise difficilement, et qui, au contraire, attire fortement l'humidité de l'air.

373. L'eau précipite le *bismuth* de toutes ses dissolutions : sans doute que les acides, ainsi affoiblis par l'eau, ne sont plus assez concentrés pour tenir le *bismuth* en dissolution. Ce précipité, bien lavé, est connu sous le nom de *magistere de bismuth* ou *blanc de fard*. Il y a des femmes qui s'en enduisent le visage, et quelquefois quelque chose de

plus. Cette pratique est dangereuse; de plus, le teint ne tarde pas à se plomber, et la peau devient un peu plus noire qu'elle n'étoit avant l'usage de ce fard. Les perruquiers noircissent les cheveux avec une pommade dans laquelle entre ce *magistere de bismuth.*

Les potiers d'étain allient le *bismuth* à l'étain pour donner de la dureté à ce dernier. Ils ne devroient pas le faire, sur-tout pour les vases destinés à contenir quelques-uns de nos aliments; car le *bismuth* partage les qualités malfaisantes du plomb (340, 341), et retient souvent de l'arsenic. 374.

Le *bismuth* s'allie avec tous les métaux, mais il ne s'unit que très difficilement, par la fusion, avec les demi-métaux. Le cobalt, le zinc, et l'antimoine se refusent à cette union. 375.

Le *bismuth*, fondu avec l'or, le rend aigre, et lui communique sa couleur. Il ne rend pas l'argent si cassant que l'or. Il diminue le rouge du cuivre. Mêlé en petite quantité avec l'étain, il lui 376.

donne plus de brillant et plus de dureté. Il forme avec le plomb un alliage d'un gris sombre. Il peut s'unir au fer par un feu violent.

377. Le *bismuth* s'amalgame avec le mercure, et il rend par-là le mercure moins coulant. Cette propriété peut le faire servir utilement à l'étamage des glaces, en ajoutant du *bismuth* au mercure et à l'étain qu'on y emploie.

TROISIÈME ESPECE.

Du cobalt.

378. Le *cobalt* est d'une couleur pâle, ou d'un gris tirant sur le rouge. Il est dur, mais friable, et d'une nature presque terreuse. Il est passablement fixe au feu; il ne s'y enflamme point, et n'y donne point de fumée: il y entre en fusion, mais à une chaleur presque aussi forte que celle qui est nécessaire pour fondre le fer. Il ne s'amalgame presque point avec le mercure. Après le mercure

et le bismuth, il est le plus pesant des demi-métaux : sa pesanteur spécifique est 78119.

Le *cobalt*, dans ses mines, est combiné avec l'arsenic, le soufre, et quelques autres substances métalliques. 379.

La *mine de cobalt arsenicale* est d'un gris plus ou moins foncé, mat dans sa cassure, et noircissant à l'air par l'altération de l'arsenic. Cette mine crystallise ordinairement en cubes lisses : elle se présente quelquefois en mamelons, en stalactites, etc. 380.

La *mine de cobalt sulfureuse* ressemble assez, dans sa structure, à la mine d'argent grise : elle contient souvent du fer et de l'arsenic, et même quelquefois de l'argent. *Sage*, qui en a fait l'analyse, dans 100 parties, en a trouvé 35 de cobalt, 55 d'arsenic, 2 de fer, et 8 de soufre. Cette mine forme, par sa décomposition, du *sulfate de cobalt*, qui, en se décomposant, passe à l'état d'*oxyde*. 381.

L'*oxyde de cobalt*, dépouillé d'ar- 382.

senic, est connu sous le nom de *safre*, dont la pesanteur spécifique est 35090. Le *safre*, fondu avec trois parties de quartz et une partie de potasse, forme le *smalt*, qui est un verre d'un beau bleu de lapis. Sa pesanteur spécifique est 24405. Ce verre bien pulvérisé forme le *bleu* dont on se sert pour colorer l'empois : il sert aussi aux peintures sur la faïance, la porcelaine, etc. : on l'emploie encore à colorer en bleu des crystaux, des salieres, et autres verreries.

383. Le *cobalt* est soluble dans les acides. L'acide sulfurique le dissout en laissant échapper du gas acide sulfureux : il en résulte du *sulfate de cobalt*, qui est soluble dans l'eau, et susceptible de crystalliser en prismes tétraèdres rhomboïdaux, terminés par un sommet dièdre. La chaux, la magnésie, la baryte, et les alkalis, décomposent ce sulfate, et en précipitent le *cobalt* en *oxyde*. 100 grains de cet oxyde, ainsi précipités par la soude, pesent 140 grains. Cette augmentation de poids est due à leur oxydation.

L'acide nitrique dissout le *cobalt* avec effervescence. La dissolution fournit des crystaux en aiguilles, qui décrépitent et fusent sur les charbons. 384.

L'acide muriatique ne dissout pas le *cobalt* à froid; mais, à l'aide de la chaleur, il en dissout une portion. Ce même acide agit plus puissamment sur le *safre*, et la dissolution en est d'un très beau verd. 385.

L'acide nitro-muriatique dissout aussi le *cobalt*, et forme l'encre de sympathie, appelée par *Hellot encre de bismuth.* 386.

L'ammoniaque dissout aussi le *safre*; et il en résulte une liqueur d'un beau rouge. 387.

QUATRIEME ESPECE.

Du nickel.

Le *nickel* est un demi-métal, nouvellement découvert par *Cronsted*, minéralogiste suédois. Il est d'un blanc rougeâtre. Il est toujours mêlé d'arsenic et 388.

de fer; et il est très difficile, pour ne pas dire impossible, de le dépouiller complètement de ce dernier. Sa pesanteur spécifique est très approchante de celle du cobalt: elle est 78070.

389. Les mines de *nickel*, connues sous le nom de *kupfernickel*, paroissent avoir été découvertes dès 1694 par *Hyerne:* on les a crues long-temps des mélanges de cobalt, d'arsenic, et de cuivre; ce n'a été qu'en 1751 que *Cronsted* a découvert et nous a appris que c'est un demi-métal particulier.

390. Le *kupfernickel* est d'un jaune rougeâtre. On en trouve non seulement dans différentes contrées d'Allemagne, mais encore dans le Dauphiné et les Pyrénées. Sa pesanteur spécifique est 66481.

391. L'acide sulfurique, distillé sur le *nickel*, laisse échapper du gas acide sulfureux, et il reste un résidu grisâtre, qui étant dissous dans l'eau lui donne une couleur verte. Ce résidu est du *sulfate de nickel*.

392. L'acide nitrique attaque très vivement

l'*oxyde de nickel*, et même le *nickel* lui-même. La dissolution fournit des crystaux en cubes rhomboïdaux, qui sont d'un beau verd d'émeraude.

L'acide muriatique dissout aussi le *nickel*, mais à chaud. La dissolution fournit encore des crystaux en octaèdres rhomboïdaux alongés, qui sont du plus beau verd d'émeraude. 393.

Le *nickel* n'a pas la propriété de s'amalgamer avec le mercure. En s'oxydant il augmente de poids d'une quantité égale à $\frac{28}{100}$ de son poids. 394.

CINQUIEME ESPECE.

Du zinc.

Le *zinc* est d'un blanc bleuâtre assez brillant. Il est, parmi les demi-métaux, un des moins aigres et des moins cassants; aussi est-il très difficile à réduire en poudre. Il a même un certain degré de ductilité; on pourroit presque le travailler au marteau; il est même suscep- 395.

tible de s'étendre sous le laminoir en lames très minces. Alors il prend feu et brûle à la flamme d'une bougie, en lui donnant une couleur d'un bleu mêlé de verd.

396. Le *zinc* entre assez promptement en fusion au feu, et long-temps avant de rougir : il exige cependant un degré de feu plus fort que celui qu'exige le plomb.

397. Le *zinc* traité dans des vaisseaux clos se sublime sans se décomposer; mais si on le calcine en plein air, il se recouvre d'une poudre grise, qui est un véritable *oxyde de zinc;* et alors il augmente de poids d'une quantité égale à $\frac{61}{100}$ de son poids.

398. Si l'on chauffe le *zinc* jusqu'à le faire rougir, il s'enflamme en donnant une flamme bleue, et il répand des flocons blancs, qu'on appelle *nihil album, lana philosophica, pompholix, fleurs de zinc.*

399. Le *zinc* est moins pesant que le mercure, le bismuth, le cobalt, et le nickel : sa

sa pesanteur spécifique n'est que 71908; mais il est plus pesant que les autres demi-métaux.

Le *zinc* est ordinairement minéralisé par le soufre, et ce minéral est connu sous le nom de *blende*, dont la pesanteur spécifique est 41665. Très souvent il s'y trouve du fer. Les crystaux de *blende* prennent une grande variété de formes ainsi que de couleurs; il y en a de rouges, de jaunes, de noirs, et de demi-transparents. Quand la *blende* se décompose, il en résulte du *sulfate de zinc.* 400.

On trouve aussi le *zinc* à l'état d'*oxyde.* Si le soufre se dissipe sans qu'il en résulte du sulfate, il est remplacé par l'oxygène; et cela forme l'oxyde de zinc, connu sous le nom de *calamine.* Cet oxyde crystallise en pyramides hexaèdres, ou en prismes tétraèdres rhomboïdaux. Cette mine est la seule que l'on exploite pour en retirer le *zinc*: on n'exploite point la blende dans cette intention. Il se trouve presque toujours du fer mêlé à la *calamine.* 401.

12

402. Si, sur du *zinc* qui commence à rougir, on verse de l'eau, cette eau se décompose; son oxygène oxyde le *zinc*, et il se dégage beaucoup de gas hydrogène.

403. L'acide sulfurique dissout le *zinc* à froid: il est probable qu'il y a alors de l'eau décomposée, car il s'échappe beaucoup de gas hydrogène. On obtient ensuite, par évaporation, un sel connu sous le nom de *sulfate de zinc*, ou *vitriol blanc*, *vitriol de zinc*. Ce sulfate de zinc lâche son oxygène à un degré de chaleur moindre que ne le fait le sulfate de fer.

404. L'acide nitrique, même étendu d'eau, dissout le *zinc* avec violence, et forme un *nitrate de zinc* très déliquescent. Ce sel fond sur les charbons, et fuse en pétillant; il répand alors une petite flamme rougeâtre. Exposé au feu dans un creuset, il s'en échappe des vapeurs rouges, qui sont du gas nitreux, qui se combine de nouveau avec l'oxygène de l'air; et le sel prend la consistance de gelée.

L'acide muriatique attaque le *zinc* avec effervescence ; et il se produit encore du gas hydrogène, comme cela arrive avec l'acide sulfurique (403): ensuite il se précipite des flocons noirs qui sont du *muriate de zinc*. 405.

Une partie de *zinc*, alliée à trois parties de cuivre rouge, fait le *laiton*. 406.

Le *zinc*, allié avec l'étain et le cuivre, forme le *bronze*. 407.

Le *zinc* fondu avec l'antimoine forme un alliage dur et cassant. 408.

Dans les feux d'artifice, on mêle du *zinc* à la poudre ; il y produit des etoiles blanches et brillantes. 409.

SIXIEME ESPECE.

De l'antimoine.

L'*antimoine* est d'une couleur blanchâtre. Il est si aigre et si cassant qu'il se brise sous le marteau. Son tissu ou sa composition intérieure est par filets et par stries. Sa pesanteur spécifique est 67021. 410.

411. L'*antimoine* se volatilise entièrement au feu, et il communique cette propriété aux métaux avec lesquels on le mêle.

412. Quand il est entré en fusion, il devient d'un rouge foncé. Lorsqu'il a été calciné, il est susceptible de vitrification ; et le verre qu'il produit est d'un rouge brun ou de couleur d'hyacinthe. La pesanteur spécifique de ce verre est 49464. Ce verre, porphyrisé, et bouilli dans l'eau avec deux parties de *tartrite acidule de potasse*, ou *crême de tartre*, forme le *tartrite de potasse antimonié*, connu sous le nom de *tartre stibié*, qui est un excellent *émétique.*

413. L'*antimoine* est ordinairement minéralisé par le soufre, et il se présente sous plusieurs variétés bien distinctes. Il est quelquefois crystallisé en prismes minces, oblongs, hexaèdres, terminés par des pyramides tétraèdres : la couleur de ces crystaux est un gris tirant sur le bleuâtre. Quand ces crystaux sont très minces et détachés, c'est ce qu'on ap-

pelle *antimoine en plumes*. La couleur en est ordinairement d'un gris noirâtre.

L'*antimoine* est quelquefois combiné 414.
avec l'arsenic: cette mine est blanche comme l'argent. Quelques auteurs pensent que l'antimoine et l'arsenic sont dans cette mine à l'état natif; il est plus vraisemblable qu'ils y sont à l'état d'oxyde.

L'*antimoine* se trouve, dans le com- 415.
merce, en deux états; 1°. sous forme d'*antimoine crud*, qui n'est que l'antimoine sulfureux débarrassé de sa gangue, et dont la pesanteur spécifique est 40643; 2°. sous forme de *régule d'antimoine*. La docimasie emploie différents procédés pour priver l'*antimoine crud* de son soufre: le culot de métal offre alors à sa surface une espece d'étoile, composée de rayons partant d'un centre, et divergents entre eux.

L'*antimoine* fond difficilement; mais 416.
une fois qu'il est en fusion, il laisse échapper une fumée blanche, connue sous le nom de *fleurs d'antimoine*.

417. Si l'on fait bouillir lentement quatre parties d'acide sulfurique sur une partie d'*antimoine*, l'acide se décompose en partie : il s'échappe d'abord du gas acide sulfureux ; sur la fin il se sublime du soufre en nature, et ce qui reste est de l'*oxyde d'antimoine*, mêlé d'une petite quantité de *sulfate d'antimoine*, qu'on peut séparer de l'oxyde par le moyen de l'eau distillée. Ce sulfate est très déliquescent, et se décompose facilement au feu.

418. L'acide nitrique se décompose aisément sur l'*antimoine* : il en oxyde une grande partie, et il en dissout une portion, qui peut être entraînée par l'eau, et former alors un sel très déliquescent, qui se décompose au feu. L'oxyde est très blanc et très difficile à réduire. Cet *oxyde* est ce qu'on appelle *bézoard minéral.*

419. Parties égales de *sulfure d'antimoine* et de *nitrate d'antimoine*, qu'on fait détonner dans un creuset rougi, forment l'*oxyde d'antimoine sulfuré*, connu sous

le nom de *foie d'antimoine.* Cet oxyde, réduit en poudre et lavé, produit l'*oxyde d'antimoine sulfuré demi-vitreux,* connu sous le nom de *safran des métaux, crocus metallorum.* Quand cet oxyde prend une couleur orangée, on l'appelle *soufre doré d'antimoine ;* s'il a une couleur rouge, il est connu sous le nom de *kermès minéral ;* s'il a une couleur brune, on le nomme *rubine d'antimoine.*

L'acide muriatique n'agit sur l'*antimoine* que par une digestion de longue durée : une once d'acide n'en dissout que vingt-quatre grains. Le *muriate d'antimoine* qu'on en obtient est très déliquescent : il se fond et se volatilise au feu. 420.

Si l'on distille deux parties de muriate de mercure corrosif et une partie d'*antimoine*, il passe, au feu le plus léger, une substance butyreuse, qui est le *muriate d'antimoine fumant*, connu sous le nom de *beurre d'antimoine.* Ce muriate devient fluide par la simple chaleur de 421.

l'eau chaude. Lorsqu'il est étendu d'eau, il laisse précipiter une poudre blanche, appelée *poudre d'Algaroth*. C'est un *oxyde d'antimoine* par l'acide muriatique.

422. L'eau simple a un peu d'action sur l'*antimoine*, puisqu'en séjournant dessus elle devient purgative.

423. Le vin et l'acide acéteux dissolvent l'*antimoine*, et deviennent émétiques : mais le vin émétique est un remede suspect, parcequ'il est impossible d'en déterminer le degré d'énergie, et la quantité du demi-métal qu'il tient en dissolution, puisque cela dépend de l'acidité trop variable des vins qu'on emploie. Les colporteurs de remedes vendent à des apothicaires de campagne des *émétiques* dont on ignore le degré d'énergie : ces émétiques ne sont, pour l'ordinaire, que du sulfate de potasse arrosé d'une dissolution d'émétique faite par le vin. Cela devroit être rigoureusement défendu.

424. Les alkalis décomposent le *tartrite de*

potasse antimonié, ou *tartre stibié*. Si, dans un creuset rougi au feu, on met parties égales d'*antimoine* et de nitrate de potasse, ce nitrate détonne, et son acide se décompose : on trouve ensuite dans le creuset l'alkali qui servoit de base au nitrate, et l'antimoine réduit à l'état d'oxyde blanc. C'est ce qu'on appelle *antimoine diaphorétique*.

L'*antimoine*, en passant à l'état d'oxyde, augmente de poids d'une quantité égale à $\frac{38}{100}$ de son poids.

SEPTIEME ESPECE.

De l'arsenic.

L'*arsenic* à l'état métallique, ou le *régule d'arsenic*, est aigre et cassant : il est d'un gris noirâtre ; sa cassure ressemble assez à celle de l'acier, mais elle se ternit facilement. 425.

L'*arsenic* se volatilise au feu. Si on le jette dans un creuset bien rougi, il s'enflamme en donnant une flamme 426.

bleue, et il se volatilise en oxyde blanc, qui a une forte odeur d'ail.

427. L'*arsenic* que l'on vend dans le commerce est d'une nature presque saline; il est d'un blanc luisant, ou opaque, ou transparent : dans ce dernier cas, il ressemble assez à du verre. Il entre en fusion au feu; il s'y volatilise entièrement sous la forme d'une fumée blanche, qui répand une odeur d'ail très dangereuse.

428. L'*arsenic* en *régule* est un des plus légers des demi-métaux : sa pesanteur spécifique est 57633.

429. L'*arsenic* s'allie par la fusion avec la plupart des métaux : mais il blanchit ceux qui tirent au jaune ou au rouge; il rend cassants ceux qui sont ductiles; il rend plus fusibles ceux qui fondent difficilement seuls; il rend réfractaires ceux qui sont très fusibles.

430. L'*arsenic* paroît être *en régule* dans ses combinaisons avec le fer, comme dans le *mispickel*, ou la *pyrite arsenicale*. C'est sans doute ce qui donne au

mispickel une si grande pesanteur spécifique: elle est 65223. C'est ce qu'on appelle *mine d'arsenic blanche*.

L'*arsenic* se trouve quelquefois natif: 431.
on le rencontre alors, ou en forme de stalactite, ou par dépôts mamelonnés.

L'*arsenic* est souvent combiné dans 432.
les mines avec divers métaux. C'est en calcinant ces métaux qu'on l'en dégage: il s'exhale sous la forme de fumées blanches, qui, en se condensant, s'attachent aux murs et aux parois des cheminées. Cela forme un *oxyde d'arsenic* qu'on détache de ces murs; c'est celui qu'on vend dans le commerce: sa pesanteur spécifique est 35942. On trouve aussi ce même oxyde naturellement formé dans les mines.

Cet *oxyde d'arsenic* ressemble aux 433.
autres oxydes métalliques, 1°. en ce que, poussé à un feu violent, il se convertit en verre métallique, 2°. en ce que, privé de son oxygène, il forme une substance opaque et ayant le brillant métallique. Mais cet oxyde diffère des

autres, 1°. en ce qu'il est parfaitement soluble dans l'eau, 2°. en ce qu'il a une forte odeur d'ail, 3°. en ce qu'il contracte aisément union avec les métaux.

434. L'*oxyde d'arsenic* est susceptible de se combiner avec le soufre; et il en résulte, ou de l'*orpiment*, ou du *réalgar*, qui ne different l'un de l'autre que par le degré de feu qu'ils ont éprouvé; car, si l'on expose l'*orpiment* à une chaleur plus vive, on le convertit en *réalgar*, en lui faisant prendre une couleur tirant sur le rouge. La pesanteur spécifique de l'*orpiment* est 34522; celle du *réalgar* est 33384.

435. L'*orpiment* et le *réalgar* se trouvent tout formés dans certaines mines. Le *réalgar* est commun à la Chine; on en fait des vases, des pagodes, etc. Il est commun, ainsi que l'*orpiment*, dans les bouches volcaniques. La chaux et les alkalis décomposent ces deux substances en en dégageant le soufre.

436. L'acide sulfurique bouillant dissout l'*oxyde d'arsenic*; mais cet oxyde se

précipite par le refroidissement. Si, par un coup de feu violent, on dissipe tout l'acide sulfurique, il reste de l'*acide arsenique.*

L'acide nitrique, aidé de la chaleur, dissout l'*oxyde d'arsenic*, et forme un sel déliquescent. 437.

L'acide muriatique n'attaque l'*arsenic* que très foiblement, soit à froid, soit à chaud. 438.

Pour obtenir de l'*acide arsenique*, on distille ou du muriate oxygéné, ou de l'acide nitrique sur l'*oxyde d'arsenic.* Le muriate oxygéné cede son oxygène excédant à l'*oxyde d'arsenic*, et redevient acide muriatique; l'acide nitrique cede aussi de l'oxygène à l'*oxyde d'arsenic*, et s'échappe en gas nitreux: et, dans l'un ou l'autre cas, l'*oxyde d'arsenic* est acidifié. Trois parties d'*acide arsenique* se dissolvent dans deux parties d'eau, à douze degrés; tandis qu'à la même température il faut quatre-vingts parties d'eau pour dissoudre une partie d'*oxyde d'arsenic.* 439.

440. L'*arsenic* est très dangereux ; on peut, au coup-d'œil, le confondre avec le sucre. Si l'on a du soupçon, on s'en éclaircit en en jetant sur le feu : la fumée blanche et l'odeur d'ail dénotent l'*arsenic*. Si l'on avoit le malheur d'avaler de l'*arsenic*, voici, dit-on, un contre-poison direct : On fait dissoudre, dans une pinte d'eau, un gros de sulfate de potasse ou tartre vitriolé ; on fait prendre au malade cette dissolution à plusieurs reprises : le soufre s'unit à l'*arsenic*, et en détruit l'effet.

HUITIEME ESPECE.

Du manganèse.

441. Le *manganèse* a été découvert en 1764 par *Bergmann*. Il avança que le *manganèse*, qu'on prenoit pour une mine de fer ou de cobalt, devoit contenir un métal particulier. *Gahn*, médecin suédois, parvint, à l'aide du feu le plus violent, à en tirer une substance métal-

lique d'un blanc tirant sur le gris, différente de celles déja connues, et qui fut rangée parmi les demi-métaux sous le nom de *manganèse*.

Le *manganèse* est plus difficile à fondre que ne l'est le fer, quand il est seul; mais il fond aisément avec les métaux, excepté avec le mercure pur. 442.

Le *manganèse* paroît ne point se combiner avec le soufre; mais son *oxyde* s'y combine, et produit une masse d'un jaune verdâtre. 443.

Le *manganèse* est plus pesant que l'antimoine et l'arsenic: sa pesanteur spécifique est, suivant *Bergmann*, 68500. 444.

Le *manganèse* se trouve toujours en terre à l'état d'*oxyde*. Cet oxyde est quelquefois gris, brillant, et crystallisé en prismes très déliés, et divergents entre eux: il ressemble assez alors à de la mine d'antimoine; mais on s'assure de ce que c'est en en mettant sur un charbon. Si c'est de l'antimoine, il y fond, et fournit des vapeurs; l'*oxyde de manganèse* n'y éprouve aucun changement. 445.

Cet oxyde est quelquefois d'un blanc rougeâtre ; sa cassure est lamelleuse.

Cet oxyde est le plus souvent noir, friable, très léger, et salissant les doigts: c'est le meilleur de tous. Il est presque toujours mêlé aux mines de fer spathiques blanches.

Cet oxyde, chauffé dans des vaisseaux clos, fournit une quantité considérable de gas oxygène; quatre onces d'oxyde en fournissent huit ou neuf pintes.

446. Le *manganèse*, exposé à un feu très violent, se vitrifie, et donne un verre d'un jaune obscur. Exposé à l'air, il s'y oxyde ; car il s'y résout en une poudre brune qui acquiert du poids, une quantité égale à $\frac{68}{100}$ de son poids.

447. L'acide sulfurique attaque le *manganèse*, et il s'échappe alors du gas hydrogène, qui provient de la portion d'eau qui s'est décomposée, et dont l'oxygène a oxydé le métal. Le *manganèse* s'y dissout plus lentement que le fer; mais si l'on verse de l'acide sulfurique sur de l'*oxyde de manganèse*, et qu'on aide son

son action par un feu très doux, il se dégage une grande quantité de gas oxygène: après quoi il reste une poudre blanche soluble dans l'eau, et qui fournit par évaporation le *sulfate de manganèse.*

Le *manganèse* est précipité de ses 448.
dissolutions par les alkalis en une substance gélatineuse blanchâtre, mais qui noircit par le contact de l'air. *Chaptal* attribue cette couleur noire à l'absorption du gas oxygène de l'air; car ayant agité ce précipité dans des bocaux remplis de gas oxygène, la couleur noire fut décidée en une ou deux minutes, et une bonne partie du gas fut absorbée.

L'acide nitrique dissout le *manga-* 449.
nèse avec effervescence, et forme un *nitrate de manganèse.* La dissolution de ce nitrate a souvent une couleur sombre, et qui prend difficilement la couleur rouge. Les *oxydes de manganèse* sont aussi solubles dans l'acide nitrique; mais alors cet acide ne se dé-

compose point, parcequ'il trouve le métal déja oxydé.

450. L'acide muriatique dissout le *manganèse;* mais si on le fait digérer sur l'*oxyde*, il s'empare de son oxygène, et s'échappe en gas muriatique oxygéné, que l'on emploie pour les blanchisseries de toile, de coton, etc.

451. L'acide fluorique ne dissout que très peu de *manganèse*, et il forme avec lui un sel peu soluble. Mais si l'on décompose le sulfate, ou le nitrate, ou le muriate de manganèse par le fluate d'ammoniaque, il se précipite un *fluate de manganèse.*

452. L'acide acéteux n'a qu'une foible action sur le *manganèse :* mais si l'on fait digérer cet acide sur l'*oxyde de manganèse*, il acquiert la propriété de dissoudre le cuivre, et de former un bel *acétate de cuivre;* tandis que ce même acide, digéré sur le cuivre, ne fait que le corroder, et former seulement du *verdet.*

453. Les autres acides ont aussi une cer-

taine action sur le *manganèse* et ses *oxydes*.

On emploie l'*oxyde de manganèse* dans les verreries pour enlever au verre sa teinte verte ou jaune ; c'est pour cela qu'on lui a donné le nom de *savon des verriers*. On l'emploie encore à colorer le verre et les porcelaines en violet. 454.

NEUVIEME ESPECE.

Du tungstène.

Le *tungstène*, ou plutôt son minerai, est d'un gris d'acier. Il est très dur, très cassant, et crystallisable en octaèdre. Seul, il est plus infusible que ne l'est le manganèse : il décrépite sur le feu, et ne se fond pas. Sa pesanteur spécifique est 60665 : celle du régule de tungstène est 66785. 455.

Le *tungstène* se divise dans la soude avec un peu d'effervescence : il se dissout dans le borax sans effervescence. 456.

Si, sur le *tungstène* pulvérisé, on verse de l'acide nitrique, cette poudre 457.

prend une belle couleur d'un jaune clair. On prétend que c'est là l'*acide tunstique* pur, qui est, dit-on, tout formé dans le métal. Quelques chymistes ne regardent cependant cette poudre que comme un *oxyde de tungstène*, et qui n'a point les caracteres d'un acide. L'*acide tunstique* est quelquefois blanc; mais on ne le croit pas si pur que le jaune. Cet acide blanc, mis en contact avec une lame de fer, produit sur-le-champ une couleur d'un beau bleu.

458. Le *wolfram* est une vraie *mine de tungstène*, mêlée d'oxyde de fer et de manganèse, dans laquelle il y a deux tiers de *tungstène*. Sa pesanteur spécifique est 71195, et, suivant *Haüy*, 73333.

459. Le *wolfram* est d'un brun noirâtre: ses surfaces sont souvent striées, et la cassure en est lamelleuse et feuilletée. Quand il est débarrassé des oxydes de fer et de manganèse, il se comporte en tout comme le *tungstène*, il est le *tungstène* lui-même.

460. Les acides minéraux, versés sur le

wolfram, le changent en une poudre jaune, que nous avons dit ci-dessus (457) être l'*acide tunstique*. Il est probable que ces acides ne font que débarrasser le *wolfram* des autres substances qui sont unies au *tungstène* qu'il contient.

DIXIEME ESPECE.

Du molybdène.

Le *régule de molybdène* est composé de petits grains arrondis, et d'une couleur métallique grisâtre. Il est prodigieusement réfractaire. Il s'allie avec les métaux de diverses manieres : son alliage avec le fer, le cuivre et l'argent, est très friable. 461.

Le *régule de molybdène*, exposé au feu, passe à l'état d'oxyde plus ou moins blanc. L'acide nitrique le convertit en un *oxyde blanc* qui est acide : il détonne avec le nitre ; et le résidu est un oxyde de molybdène mêlé à l'alkali du nitre. 462.

Le *régule de molybdène* traité avec trois parties de soufre régénere son minerai.

463. Ce *minerai* est donc du *molybdène* minéralisé par le soufre. Il est composé de particules écailleuses, peu serrées les unes contre les autres. Sa couleur est bleuâtre, et approchante de celle du plomb. Il est doux et gras au toucher plus que le plombagine (286) : il tache les doigts, et laisse sur le papier des traces d'un gris cendré, et qui ont un brillant argentin.

464. Le *minerai de molybdène* n'est attaqué efficacement que par les acides nitrique et arsenique. Il donne à la calcination une odeur de soufre : le résidu est une terre blanchâtre, qui est un *oxyde de molybdène.* Exposé à la flamme du chalumeau, il laisse échapper une fumée blanche qui est probablement son *acide.* Il se dissout dans la soude avec effervescence. Suivant *Kirwan*, 100 parties de ce *minerai* en contiennent 45 de régule de molybdène et 55 de soufre. Sa pesanteur spécifique est 47385.

Pour obtenir l'*acide molybdique* on 465.
distille trente parties d'acide nitrique sur une partie de poudre de *molybdène*. Il s'échappe beaucoup de gas nitreux : il reste un résidu blanc comme la craie, qui est le *molybdène* combiné avec l'oxygène de l'acide nitrique ; c'est l'*acide molybdique*.

L'acide arsenique, distillé sur le *mi-* 466.
nerai de molybdène, fournit aussi cet *acide*, qui est toujours formé par la combinaison de l'oxygène des acides employés avec le *régule de molybdène*. La pesanteur spécifique de cet acide est, suivant *Bergmann*, 34600.

L'acide sulfurique concentré dissout 467.
une grande quantité d'*acide molybdique :* la dissolution est d'un beau bleu, et devient épaisse en refroidissant. Cette couleur disparoît par la chaleur, et reparoît quand la liqueur refroidit.

L'acide muriatique dissout aussi beau- 468.
coup d'*acide molybdique*, à l'aide de l'ébullition. Si l'on distille la dissolution, on a un résidu d'un bleu obscur :

en augmentant la chaleur, il s'éleve un sublimé blanc mêlé de bleu. Ce sublimé est l'*acide molybdique* volatilisé par l'acide muriatique.

ONZIEME ESPECE.

Du titane.

469. On n'a encore que peu de connoissances sur la nature et les propriétés de ce minéral. *Klaproth*, chymiste de Berlin, a le premier reconnu qu'une substance qui se trouve à *Boinik* en Hongrie, et qui y est connue sous le nom de *schorl rouge*, est un *oxyde* d'une nouvelle substance métallique, distincte des autres déja connues, et qu'il a nommée *titanium*. Cette même substance se trouve en plusieurs autres endroits; entre autres, dans l'évêché de Passaw, en Allemagne, où elle est unie à de la chaux et de la silice, environ un tiers de chacune; en Baviere, où elle est unie à du fer et du manganèse, mais peu de ce

dernier ; entre Nantes et Ingrande, près de Pont-James-les-Noyers, où le minerai contient environ moitié d'*oxyde de titane ;* à Saint-Yrieix, à environ huit lieues de Limoges. Il est probable qu'on trouvera encore la même substance en bien d'autres endroits.

On peut donc regarder le minéral connu sous le nom de *schorl rouge* comme un *oxyde de titane.* Je ne sache pas qu'on soit encore parvenu à s'en procurer le *régule.* Cependant *Vauquelin* dit avoir observé, dans l'analyse qu'il a faite du schorl rouge de France, une croûte métallique d'un rouge de cuivre, qu'il a jugée être le *titane à l'état métallique.* 470.

Dans ce que nous allons dire, il ne sera plus question que de l'*oxyde de titane.*

L'*oxyde de titane* est d'un rouge tantôt clair, tantôt foncé. Il est dur au point de rayer le verre. Il se réduit difficilement en poudre. Ses éclats sont très 471.

brillants, et présentent des surfaces très polies. Sa pesanteur spécifique est 42469.

472. Si l'on expose cet *oxyde* au feu de porcelaine, ni sa forme ni son éclat ne sont nullement altérés; sa couleur seulement en devient plus foncée.

473. L'*oxyde de titane* est absolument inattaquable par les acides avant d'avoir été chauffé avec un alkali caustique; mais après qu'il a été ainsi chauffé, il y devient dissoluble.

474. L'acide sulfurique le dissout à l'aide d'une légere digestion : l'évaporation spontanée produit une masse ressemblante à de la colle de farine.

475. L'acide nitrique le dissout complètement: l'évaporation spontanée donne à la dissolution la consistance d'huile, et l'on y apperçoit de petits crystaux rhomboïdaux diaphanes.

476. L'acide muriatique le dissout de même : l'évaporation spontanée produit une masse gélatineuse transparente,

d'un jaune clair, et l'on y découvre de petits crystaux cubiques diaphanes.

L'*oxyde de titane*, traité avec le borax, forme un globule de couleur d'hyacinthe. 477.

Le carbonate de potasse et la potasse elle-même précipitent en flocons blancs les dissolutions de cet oxyde. 478.

Les prussiates alkalins occasionnent un précipité abondant, d'un verd foncé entremêlé de brun. 479.

L'alkool gallique fait un précipité brun, tirant sur le rouge. 480.

L'acide arsenical et l'acide phosphorique précipitent ces dissolutions en blanc. 481.

L'acide tartareux et l'acide oxalique occasionnent un précipité blanc, qui se redissout ensuite sans laisser de résidu. 482.

L'ammoniaque, versé dans la dissolution par l'acide muriatique, la teint en verd sale; et il se forme un précipité d'un verd bleuâtre. 483.

484. Le zinc, mis dans la même dissolution étendue d'eau, produit d'abord une couleur violette qui passe à la fin au bleu-indigo : ce bleu disparoît entièrement par la chaleur, tandis que l'*oxyde* se précipite.

485. Une lame d'étain, plongée dans la dissolution par l'acide muriatique, le tout étant renfermé dans un flacon bien bouché, la teint en rose pâle, qui se change en violet d'améthyste.

486. L'*oxyde de titane* naturel, fondu avec l'émail, donne à la porcelaine un jaune de paille pur et uniforme.

487. Les acides sulfurique, nitrique, muriatique, et nitro-muriatique, n'attaquent en aucune façon cet *oxyde naturel* réduit en poudre : mais si l'on fait rougir dans un creuset de porcelaine une partie de cet oxyde réduit en poudre, et cinq parties de carbonate de potasse, le mélange entre bientôt en fusion. Ce mélange versé sur une plaque forme une masse solide d'un gris blanchâtre. Si

ensuite on le réduit en poudre, et qu'on le délaie dans l'eau bouillante, il se dépose une *poudre blanche.* Cette *poudre blanche* est alors soluble dans les quatre acides ci-dessus, qui auparavant ne pouvoient pas l'attaquer. Mais si on la chauffe dans un creuset, et qu'en quelque façon on la calcine, elle redevient insoluble dans ces mêmes acides.

Cette *poudre blanche* change de cou- 488.
leur par la calcination : elle passe du blanc au jaune et au rouge ; et, par le contact du charbon, elle passe au bleu. Elle donne un émail jaune. Elle est précipitée de ses dissolutions dans les acides par le prussiate de potasse, par l'acide gallique, et par le sulfure d'ammoniaque. Par la voie humide, elle est réduite par le zinc et l'étain en flocons d'une couleur foncée.

Cette *poudre blanche* a une très grande 489.
affinité avec l'oxygène : car l'*oxyde de titane*, dans son état naturel, est entièrement saturé d'oxygène. C'est ce

qui le rend insoluble dans les acides, à moins qu'il n'ait perdu une partie de son oxygène par sa fusion avec un alkali caustique.

TABLEAUX
DES PROPRIÉTÉS
DES
SUBSTANCES MÉTALLIQUES.

FIXITÉ AU FEU 490.

Des métaux en ordre décroissant.

Or.
Platine.
Argent.
Cuivre.
Fer.
Plomb.
Étain.

491. DUCTILITÉ

Des métaux et demi-métaux en ordre décroissant.

Or.
Platine.
Argent.
Fer.
Étain.
Cuivre.
Plomb.
Nickel.
Zinc.
Tungstène.
Bismuth.
Cobalt.
Antimoine.
Manganèse.

FUSIBILITÉ 492.

Des métaux et demi-métaux en ordre décroissant.

Le degré de chaleur nécessaire pour opérer la fusion des substances métalliques qui en exigent un fort degré a été mesuré par le pyrometre de *Wedgwood*, à pieces d'argile, dont chaque degré vaut 57d.,778 du thermometre de mercure, divisé en 80 degrés, depuis la température de la glace fondante jusqu'à celle de l'eau bouillante. Ainsi les 130 degrés du pyrometre, qui marquent le degré de chaleur auquel le fer coule, équivalent à 7989d.,8 au-dessus du zéro du thermometre de mercure; car le zéro du pyrometre répond à 478d.,66 au-dessus du zéro du thermometre de mercure. Les degrés de chaleur nécessaires pour faire couler les différents métaux et demi-métaux qui sont ici indiqués sont donc ceux que marqueroit le thermometre de mercure, s'il avoit assez d'étendue pour cela.

Je n'indique point les degrés nécessaires pour faire couler l'arsenic, le tungstène, le molybdène et le titane. Ces quatre-là n'ont pas été éprouvés : on sait seulement que le tungstène et le molybdène demandent, pour fondre, un degré de chaleur plus fort que celui qu'exige le manganèse. Je n'indique pas non plus au juste les degrés nécessaires pour faire couler le cuivre, parcequ'il paroît qu'il y a une erreur dans les résultats qu'on a donnés, puisque, suivant ces résultats, le cuivre fondroit à une chaleur moindre que celle qui est nécessaire pour fondre l'or et l'argent : or, c'est le contraire, comme je l'ai éprouvé moi-même, en exposant ces trois métaux au foyer du verre ardent de *Trudaine*. L'argent y a toujours été le plus promptement fondu ; ensuite l'or ; et enfin le cuivre, qui exige d'y être exposé plus long-temps, et en plus petit volume ; car j'y ai fondu un écu de six francs en bain parfait, en une demi-minute, et il a fallu un temps beaucoup plus long pour y fondre une piece de cuivre de six deniers, quoique beaucoup plus petite.

Degrés du Pyrometre.		Degrés du Thermometre.	
	Mercure . .	32d.	au-dessous de zéro.
	Étain. . . .	168	au-dessus de zéro.
	Bismuth . .	205.	
	Plomb . . .	250.	
	Zinc	296.	
	Antimoine .	345.	
28.	Argent. . .	2096,444.	
32.	Or.	2327,556.	
37.	Cuivre. . .	216	ou à-peu-près.
130.	Nickel. . .	7989	ou à-peu-près.
130.	Cobalt . . .	7989	ou à-peu-près.
130.	Fer.	7989,8.	
160.	Manganèse.	9723,14.	
160 et plus.	Platine. . .	9723,14	et plus.

493. DURETÉ

Des métaux en ordre décroissant.

Fer.
Platine.
Cuivre.
Argent.
Or.
Étain.
Plomb.

494. DURETÉ

Des demi-métaux en ordre décroissant.

Manganèse.
Nickel.
Bismuth.
Tungstène.
Zinc.
Cobalt.
Antimoine.
Arsenic.

TÉNACITÉ 495.

Des métaux en ordre décroissant.

La ténacité du plomb étant estimée 1, les nombres suivants désignent combien de fois celles des autres métaux égalent celle du plomb.

Fer.	26,447.
Cuivre.	14,555.
Platine.	13,209.
Argent.	9,011.
Or.	7,226.
Étain.	1,667.
Plomb.	1,000.

496. ÉLASTICITÉ

Des métaux en ordre décroissant.

Fer.
Cuivre.
Platine.
Argent.
Or.
Étain.
Plomb.

497. PROPRIÉTÉ SONORE

Des métaux en ordre décroissant.

Cuivre.
Argent.
Fer.
Étain.
Platine.
Or.
Plomb.

PESANTEUR 498.

Des métaux et demi-métaux simplement fondus, en ordre décroissant.

Platine purifié. . .	195000.	
Or.	192581.	
Mercure.	135681.	
Plomb.	113523.	
Argent.	104743.	
Bismuth.	98227.	
Cobalt.	78119.	
Nickel.	78070.	
Cuivre.	77880.	
Étain.	72914.	
Fer de fonte. . . .	72070.	
Zinc.	71908.	
Manganèse. . . .	68500.	
Antimoine.	67021.	
Tungstène.	66785.	
Molybdène.	60000	à-peu-près.
Arsenic.	57633.	

499. OXYDABILITÉ

Des métaux et demi-métaux en ordre décroissant.

Oxydabilité ne signifie point la quantité d'oxygène dont les métaux peuvent se charger, mais ce mot exprime la facilité avec laquelle ils s'oxydent. Les cinq premiers s'oxydent, à très peu près, avec une égale facilité.

Fer.
Nickel.
Cobalt.
Zinc.
Manganèse.
Plomb.
Étain.
Cuivre.
Bismuth.
Antimoine.
Arsenic.
Mercure.
Argent.
Or.
Platine.

ACCROISSEMENT DE POIDS, 500.

PAR L'OXYDATION,

Des métaux et demi-métaux en ordre décroissant.

Fer.	0,70.
Manganèse.	0,68.
Zinc.	0,61.
Cuivre.	0,58.
Cobalt.	0,40.
Antimoine.	0,38.
Étain.	0,30.
Nickel.	0,28.
Bismuth.	0,25.
Plomb.	0,16.
Argent.	0,12.
Or.	0,10.
Mercure.	0,08.

501. AFFINITÉ AVEC LES ACIDES

Des métaux et demi-métaux en ordre décroissant.

Zinc.
Fer.
Manganèse.
Cobalt.
Nickel.
Plomb.
Étain.
Cuivre.
Bismuth.
Antimoine.
Arsenic.
Mercure.
Argent.
Or.
Platine.

ACIDIFICATION 502.

Des métaux et demi-métaux.

Parmi les métaux et demi-métaux susceptibles de s'acidifier, on ne connoît, jusqu'à présent, tout au plus que les suivants; savoir,

L'Arsenic, qui devient l'acide arsenique.
Le Molybdène, ... molybdique.
Le Tungstène, ... tunstique.
Le Manganèse, ... manganique.
L'Étain, ... stamnique.
L'Argent, ... argentique.

503. ADHÉSION AU MERCURE

Des métaux et demi-métaux en ordre décroissant.

L'*adhésion* du cobalt au mercure étant estimée 1, les nombres suivants désignent combien de fois celles des autres métaux égalent celle du cobalt.

Or.	$55 \frac{3}{4}$.
Argent.	$53 \frac{1}{8}$.
Étain.	$52 \frac{1}{4}$.
Plomb.	$49 \frac{5}{8}$.
Bismuth.	$46 \frac{1}{2}$.
Platine.	$35 \frac{1}{4}$.
Zinc.	$25 \frac{1}{2}$.
Cuivre.	$17 \frac{3}{4}$.
Antimoine. . . .	$15 \frac{3}{4}$.
Fer.	$14 \frac{3}{8}$.
Cobalt.	1.

SUPPLÉMENT

A LA

LITHOLOGIE.

Outre les cinq *terres primitives* dont nous avons parlé dès le commencement de cet ouvrage (6), on en a depuis découvert deux autres, savoir, la *strontiane* et la *zircône*, qu'il faut réunir aux cinq premieres. C'est donc après l'article 44 qu'il faut les placer. 504.

De la strontiane.

La *strontiane* paroît avoir été découverte par *Hope*, professeur de chymie à Glasgow. 505.

On la trouve à l'état de carbonate, c'est-à-dire combinée avec l'acide carbonique, à *Strontian*, dans l'Argyleshire (comté d'Argyle), dans la partie occidentale du nord de l'Écosse, accompagnant un filon de mine de plomb.

On la trouve aussi pareillement combinée avec l'acide carbonique, à *Lead-hills*, en Écosse; et il est vraisemblable que les recherches des minéralogistes la feront découvrir en d'autres endroits.

506. On a d'abord confondu la *strontiane* avec la baryte, à laquelle, à la vérité, elle ressemble à plusieurs égards, mais dont elle differe à plusieurs autres égards, comme on va le voir.

507. Le carbonate de *strontiane* est décomposé par l'acide sulfurique, avec dégagement d'acide carbonique, et le sulfate qu'on obtient est peu soluble dans l'eau.

508. Le carbonate de *strontiane* se dissout avec effervescence dans les acides nitrique et muriatique; et il se dégage du gas acide carbonique. Ces nitrates et muriates de *strontiane* ne sont point déliquescents; et ils sont décomposés par les sulfates de potasse, de chaux, et autres.

509. Le carbonate de *strontiane* est privé de son acide carbonique par la calci-

nation, et sa terre est ensuite soluble dans l'eau, et en plus grande quantité dans l'eau bouillante que dans l'eau froide, car il s'en précipite une partie par le refroidissement.

Par ces trois propriétés la *strontiane* ressemble assez à la baryte; mais elle en differe beaucoup par les suivantes.

Le carbonate de *strontiane* est plus 510.
léger que le carbonate de baryte : ce dernier a pour pesanteur spécifique 42 à 43000; celle du carbonate de *strontiane* n'est que de 36 à 37000.

Le carbonate de *strontiane* est d'un 511.
verd clair, ou transparent et sans couleur; celui de baryte est d'un gris blanc.

Le carbonate de *strontiane* produit, 512.
avec les acides nitrique, muriatique, etc., des sels plus solubles que ceux que produit le carbonate de baryte avec les mêmes acides.

L'acide carbonique tient un peu moins 513.
fortement à la *strontiane* qu'à la baryte.

Le prussiate de potasse ne décompose 514.
point le nitrate de *strontiane*, et il

décompose complètement le nitrate de baryte.

515. La *strontiane* forme avec l'acide muriatique un sel qui, dissous dans l'alkool, le fait brûler d'une flamme rouge; et la baryte forme avec le même acide un sel qui, dissous dans l'alkool, le fait brûler d'une flamme jaunâtre.

516. Le carbonate de *strontiane* peut être pris intérieurement sans aucun danger, et sans causer la moindre incommodité: celui de baryte, pris intérieurement, cause des vomissements violents, et, peu de temps après, la mort.

517. L'analyse a prouvé que 100 parties de carbonate de *strontiane* contiennent

62 grains de strontiane,
30 grains d'acide carbonique,
8 grains d'eau.

Elle a prouvé aussi que 100 grains de carbonate de baryte contiennent

62 grains de baryte,
22 grains d'acide carbonique,
16 grains d'eau.

De

De la zircône.

La *zircône* est une terre primitive et 518.
simple, nouvellement découverte par *Klaproth* dans le jargon de Ceilan (156), dont elle est une des parties constituantes, et même la plus abondante ; car, par l'analyse, on a trouvé dans cette pierre, sur 100 parties, 64,5 de zircône, 32 de silice, et 2 d'oxyde de fer.

Pour se procurer la *zircône* pure, il 519.
faut l'unir à l'acide muriatique, avec lequel elle forme un muriate de *zircône*: ensuite on dissout ce muriate dans beaucoup d'eau, et on précipite la *zircône* par la potasse ; on la lave avec soin, et on la fait rougir dans un creuset d'argent. Elle est alors parfaitement pure.

La *zircône* calcinée a une couleur blan- 520.
che. Elle est rude au toucher, comme la silice ; elle n'a point de saveur, et elle n'est point soluble dans l'eau. Sa pesanteur spécifique est au moins 43000.

La *zircône* seule ne se fond point au 521.

chalumeau ; mais elle fond avec le borate, et donne un verre transparent et sans couleur.

522. Le sel fusible de l'urine ou microcosmique et les alkalis n'attaquent point la *zircône*. Séparée de ses dissolutions par les alkalis caustiques, cette terre retient une assez grande quantité d'eau, qui lui donne la demi-transparence de la corne : elle a alors l'apparence de la gomme arabique, soit par sa couleur légèrement jaune, soit par sa cassure et sa transparence.

523. La *zircône* est susceptible de s'unir à l'acide carbonique ; et c'est à tort que *Klaproth* a dit le contraire. Elle s'unit aussi aux acides sulfurique et nitrique : les alkalis et les six autres terres primitives la séparent de ce dernier acide.

TABLE
DES MATIERES
CONTENUES
DANS CET OUVRAGE.

N. B. *Les nombres cités indiquent les articles, et non les pages.*

A.

D.

E.

F.

G.

M.

N.

O.

P.

Pyrite

T.

V.

Z.

FIN DE LA TABLE DES MATIERES.

ERRATA.

Page 74, ligne 12... rectanguleres *lisez* rectangulaires

172, 23... de cet oxyde, *lisez* de ce cobalt,

211, 14... 216 ou à-peu-près. *lisez* 2616 ou à-peu-près.

231, 4... du Brési, *lisez* du Brésil,

On trouve chez le même libraire,

OEuvres métallurgiques d'Orschall, in-12. 3 liv.

Essai d'une nouvelle Minéralogie de Cromsted, traduit de l'allemand par Dreux, in-8°. 4 liv.

Introduction à l'Histoire naturelle et physique de l'Espagne, par Flavigny, in-8°. 6 liv.

Essai de Chymie sur la chaux vive, la matiere élastique et électrique, le feu et l'acide universel primitif, de Meyer, in-12, 2 vol. 5 liv.

Recueil de Mémoires de Chymie et d'Histoire naturelle des académies d'Upsal et de Stockolm, in-12, 2 vol. 6 liv.

Traité du Soufre, traduit de Stahl, in-12. 3 liv.

Manuel métallo-technique, ou Recueil de secrets sur les arts et métiers, in-12. 3 liv.

Essai d'un Art de fusion, traduit de l'allemand, suivi des Mémoires de Lavoisier sur le même sujet, in-8°. 6 liv.

LIVRES NOUVEAUX.

Tables portatives de Logarithmes, contenant les logarithmes des nombres depuis 1 jusqu'à 108000; les logarithmes des sinus et tangentes, de seconde en seconde pour les cinq premiers degrés, de dix en dix secondes pour tous les degrés du quart-de-cercle; et, suivant la nouvelle division centésimale, de dix millieme en dix millieme: précédées d'un discours préliminaire sur l'explication, l'usage et la sommation des logarithmes, et sur leur application à l'astronomie, à la navigation, à la géométrie-pratique, et aux calculs d'intérêts: suivies de nouvelles tables plus approchées, et de plusieurs autres utiles à la recherche des longitudes en mer, etc.; par F. Callet. Nouvelle édition stéréotype, in-8°. grand papier, rel. 14 liv.

Nouvelle Architecture hydraulique, par R. Prony, seconde partie, contenant la description détaillée des machines à feu, et enrichie de quarante planches, in-4°. broché. 40 liv.

Description des Opérations géodésiques faites en Angleterre depuis 1784 jusqu'en 1788 pour fixer la situation des observatoires de Greenwich et de Paris, traduite de l'anglois par R. Prony, enrichie de planches, in-4°. broché. 30 liv.

www.ingramcontent.com/pod-product-compliance
Ingram Content Group UK Ltd.
Pitfield, Milton Keynes, MK11 3LW, UK
UKHW022053260726
13993UKWH00001B/83